Guido Tonelli

Genèse

Le grand récit des origines

Traduit de l'italien par Sophie Lem

Préface de Carlo Rovelli
Physicien théoricien
Université d'Aix-Marseille

DUNOD

Crédits iconographiques

P. 76 : Domaine public / Wikimédia. P. 83 : Domaine public / Wikimédia.
P. 138 : © ESA and the Planck Collaboration.
P. 164 : © EHT Collaboration.

First published as *Genesi* by Guido Tonelli in May 2019 by Giangiacomo Feltrinelli Editore, Milano.

La première édition de cet ouvrage a été publiée en mai 2019 aux éditions Giangiacomo Feltrinelli, Milan, sous le titre *Genesi*.

Cet ouvrage a été traduit avec l'aide du Centro per il libro e la lettura du ministère de la Culture italien.

CENTRO
PER IL LIBRO
E LA LETTURA

Direction artistique : Nicolas Wiel

11 rue Paul Bert, 92240 Malakoff
www.dunod.com
ISBN 978-2-10-083080-0

Préface

Il pourrait sembler un peu présomptueux de vouloir réécrire la Genèse en racontant à nouveau les sept jours fatidiques de la création du monde, cette fois de manière plus crédible. Guido Tonelli le fait dans ce livre avec une grâce désinvolte et sereine, grâce à trois excellents ingrédients.

Le premier est l'extraordinaire quantité de données et d'idées que la science moderne a réussi à collecter sur la vie de notre univers, ou, comme il le dit avec une belle expression, « notre maison ». Guido Tonelli, l'un des grands expérimentateurs de la physique fondamentale contemporaine, les décrit avec simplicité et abondance de détails, et les tisse continuellement avec la vaste connaissance de sa culture, qui s'étend dans de nombreux domaines.

Le deuxième ingrédient est la conscience explicite du rôle joué, chez l'être humain individuellement, mais aussi, peut-être, dans la naissance même des civilisations, par le grand récit de notre passé. La réponse aux questions « comment tout cela est-il arrivé ? » et « d'où venons-nous ? » nous offre un cadre de pensée, des repères qui nous permettent de vivre, une toile de fond pour les constructions symboliques qui nous inspirent au quotidien.

Le troisième, et peut-être le plus important de tous pour apprécier la grande fresque que dessine Tonelli, est la conscience – propre à la science fondamentale dont Tonelli est un grand représentant – du caractère provisoire de notre connaissance, conscience explicite dans le livre, et c'est ce qui lui donne sa force et le rend imperméable à toute suffisance.

L'une des clés du livre est son épilogue court et magnifique, dans lequel la Genèse de Tonelli est directement comparée à l'« original ». Quelque chose est révélé, dans les mots d'un théologien jésuite, du sens de cet original : le récit vaut pour le présent, pour l'avenir, pour chacun d'entre nous.

Pour ceux qui cherchent une vue d'ensemble de l'histoire de l'univers, le récit des origines du monde raconté par un protagoniste de premier plan de la physique fondamentale contemporaine, *Genèse* offre une version détaillée et articulée. Elle ne prétend pas être définitive, et Tonelli en a pleinement conscience. Ce n'est pas le point d'arrivée, c'est une histoire en cours d'écriture, faite de beaucoup de choses déjà bien comprises, de choses que nous ne savons toujours pas, de choses qui restent confuses, sur un chemin qui est celui de la découverte, comme un voyage vers des territoires inexplorés dont on ne sait toujours pas grand-chose et sans que l'on ne soit jamais sûrs de l'endroit où l'on se trouve.

L'ouvrage explore donc des territoires extrêmement incertains (le fait, par exemple, que l'univers soit réellement né d'une fluctuation d'un « vide » quantique relève aujourd'hui encore, en l'absence de consensus sur une théorie quantique de la gravité, du domaine de la spéculation) et des idées très étudiées, mais loin de faire l'unanimité (comme l'inflation cosmique, la phase d'expansion initiale très rapide de l'univers), jusqu'à certaines étapes de l'histoire du cosmos que nous connaissons très bien.

Des trous noirs à la matière noire et à la particule de Higgs, à la découverte de laquelle Tonelli a contribué de manière fondamentale, ces pages accompagnent le lecteur passionné et curieux dans un voyage fascinant, toujours en cours.

Carlo Rovelli
Physicien théoricien
Université d'Aix-Marseille

Pour le petit Jacopo

« Nous avons besoin de poésie, désespérément. »

Auteur anonyme, mur d'une ruelle du centre de Palerme, octobre 2018

« Tous les chagrins sont supportables
si on en fait une histoire. »

Karen Blixen

« L'enracinement est peut-être le besoin le plus important et le plus méconnu de l'âme humaine. »

Simone Weil

Prologue

« Professeur, comment allez-vous ? Je peux vous poser une question ? Si j'ai bien compris, il est encore vide, n'est-ce pas ? Je veux dire, l'univers qui nous entoure, y compris Donald Trump et les actionnaires de Fiat Chrysler Automobiles qui sont en train de me rendre fou ? Magnifique. Génial. J'ai toujours su que j'aurais dû étudier la physique et laisser tomber toutes les conneries dont je m'occupe depuis quarante ans. »

C'est Sergio Marchionne qui m'appelle des États-Unis, à la fin de sa folle routine hebdomadaire : deux jours à Maranello, un hélicoptère pour Turin, puis un avion pour Detroit où il finit la semaine, et rebelote. Peu de variantes, aucune pause ni vacances.

Tout a commencé fin juillet 2016 : j'étais invité à visiter l'usine Ferrari pour une interview, l'occasion d'admirer *in situ* ces petits bijoux de technologie et de rencontrer les jeunes techniciens et ingénieurs qui mettent dans leurs nouveaux modèles le soin maniaque des vieux artisans. La matinée file à toute allure et nous voici déjà attablés dans le restaurant où déjeunait Enzo Ferrari, au milieu des photos du « patriarche » et des trophées témoignant d'innombrables victoires. Nous sommes en train de parler de Formule 1 et de Ferrari électriques lorsqu'un coup de fil tout à fait inattendu nous interrompt : Sergio Marchionne demande si je peux passer le saluer dans son bureau.

Je gagne les étages supérieurs, m'attendant à une brève rencontre de politesse, mais alors que je suis encore debout, une question surprenante me cueille à froid : « Professeur, est-ce que vous croyez en Dieu ? »

Avec une pareille entrée en matière, il est évident que notre rencontre ne se limitera pas à une rapide entrevue formelle. Nous passons l'heure suivante à parler de la naissance de l'univers, de ce qu'est le vide, à nous interroger sur l'apparition et la fin de l'espace-temps. Marchionne fume une cigarette après l'autre et demande des explications sur tout. Je lis dans ses yeux une curiosité sincère et émerveillée. « Ce sont les choses que j'aurais aimé étudier quand j'étais jeune. Mais je n'étais pas de taille à affronter les matières scientifiques, alors je me suis rabattu sur la philo. Puis la vie m'a porté vers une tout autre direction. » Et d'évoquer son adolescence canadienne, tout sauf facile, et la suite d'événements, parfois totalement improbables, qui l'a amené à diriger l'une des entreprises les plus importantes au monde.

Quand la secrétaire nous informe que le chauffeur qui doit me raccompagner à l'aéroport estime que j'ai maintenant de bonnes chances de rater mon avion, nous devons nous quitter. Marchionne insiste toutefois pour que je lui dédicace *La nascita imperfetta delle cose* et je le menace en plaisantant de l'interroger la prochaine fois que nous nous verrons pour vérifier s'il l'a bien lu. Lorsque je reçois son premier appel quelques semaines plus tard, je comprends qu'il m'a pris au mot.

C'est ainsi que naît entre nous une relation qui me ramène à Modène peu de temps après, à l'occasion de la rencontre annuelle que Ferrari organise avec les managers de ses principaux partenaires. Pendant le dîner, nous continuons notre petit jeu de l'interrogation, cette fois-ci avec la participation des autres convives. Nous passons la soirée à discuter des trous noirs, de Stephen Hawking et des ondes gravitationnelles. Puis, peu avant le dessert, Marchionne réclame le silence et m'invite à raconter la naissance de l'univers et la découverte du boson de Higgs : « Soyez sans pitié, professeur, je veux que ces têtes dures comprennent quelles sont les choses vraiment importantes dans ce monde. »

À la fin de la soirée, il me prend par le bras et me glisse à l'oreille : « Dans quelques années, je lâche tout et je me mets à étudier la physique. Promettez-moi de me préparer une liste raisonnable d'ouvrages, grand public mais pas trop, sur la mécanique quantique et les particules élémentaires pour que j'y comprenne quelque chose. »

Je dis souvent que les grandes questions que pose la physique habitent chacun de nous et que cette curiosité primordiale brûle dans toutes les âmes. Je promets donc d'envoyer la bibliographie, sans réussir toutefois à dissimuler un certain scepticisme dans mon regard. « Faites-moi confiance, professeur, je vais le faire. » Ni l'un ni l'autre ne pouvions imaginer à cet instant avec quelle rapidité ces plans allaient être bouleversés et le peu de temps qui lui restait à vivre.

Introduction

Le grand récit des origines

Lorsque la deuxième vague d'*Homo sapiens* arrive d'Afrique, il y a environ 40 000 ans, les Néandertaliens peuplent déjà plusieurs zones d'Europe. Organisés en petits clans, ils vivent dans des grottes qui nous restituent aujourd'hui les preuves sans équivoque d'un univers symbolique complexe : fresques pariétales où figurent symboles et dessins d'animaux, cadavres ensevelis en position fœtale, ossements et grandes stalactites disposés en cercles rituels... Nombreuses sont les traces laissées par une civilisation qui possédait, selon toute probabilité, un langage sophistiqué que nous ne connaîtrons jamais.

On peut donc supposer qu'un récit des origines du monde résonnait déjà dans ces cavernes, les anciens transmettant aux plus jeunes – puissance de la parole et magie de la mémoire – l'écho d'une histoire reculée. Il faudra attendre des milliers de générations avant que Hésiode (ou quelqu'un d'autre en son nom), avec sa *Théogonie*, nous laisse un témoignage écrit de ce récit, tissant le premier un lien entre poésie et cosmologie.

Ce récit des origines a traversé les millénaires et s'écrit aujourd'hui avec les mots de la science. Les équations n'ont pas la puissance évocatrice du langage poétique, mais les concepts de la cosmologie moderne – l'univers qui naît d'une fluctuation du vide ou l'inflation cosmique – nous laissent encore sans voix.

Tout part d'une question simple, inéluctable : « D'où *tout cela* vient-il ? » Une question qui émerge sous toutes les latitudes, chez des individus appartenant aux cultures les plus diverses, un trait d'union entre des civilisations apparemment très éloignées. Une question que se posent les enfants et les chefs d'entreprises, les scientifiques et les chamans, les astronautes et les derniers représentants de ces petites populations de chasseurs-cueilleurs qui survivent, isolées, dans certaines régions de Bornéo ou de l'Amazonie.

Une question tellement primordiale qu'on a pu même imaginer qu'elle nous ait été transmise par les espèces qui ont précédé *Homo sapiens.*

Les mythes fondateurs et la science

Pour les Kuba du Congo, le grand Mbombo, seigneur d'un monde obscur, crée l'univers en vomissant le Soleil, la Lune et les étoiles afin de se libérer d'un terrible mal d'estomac. Pour les Fulani du Sahel, c'est le héros Doondari qui transforme en terre, eau, fer et feu une gigantesque goutte de lait. Pour les Pygmées des forêts de l'Afrique équatoriale, une énorme tortue qui pond ses œufs tout en nageant dans un océan primordial est à l'origine de tout.

Dans tous ces récits mythologiques, on retrouve presque toujours un état originel indéfini, déroutant : le chaos, les ténèbres, une étendue informe et liquide, un brouillard, une terre désolée... jusqu'à ce qu'un être surnaturel intervienne pour donner une forme, apporter un ordre. C'est le rôle dévolu au grand serpent, à l'œuf primordial, au héros ou au créateur qui sépare le Ciel et la Terre, le Soleil et la Lune et donne vie aux animaux et aux humains.

L'instauration de l'ordre est un passage nécessaire, parce qu'il établit des règles et jette les fondations des rythmes qui scandent l'alternance des saisons. Le désordre primordial renvoie à une peur ancestrale, celle d'être la proie des forces déchaînées de la nature, qu'il s'agisse de bêtes féroces ou de séismes, sécheresses ou inondations. Mais lorsque la nature est façonnée pour suivre les règles dictées par celui qui apporte l'ordre dans le monde, voilà que la fragile communauté humaine peut survivre et se reproduire. L'ordre naturel se reflète dans l'ordre social, dans l'ensemble des règles et des tabous qui définissent ce qu'il est possible de faire et ce qui est absolument prohibé. Si le groupe, la tribu, le peuple entier se comportent selon les lois établies par ce pacte primordial, alors ce maillage de normes protégera la communauté de la désagrégation.

Du mythe naissent ensuite d'autres constructions, qui sont à l'origine des religions, de la philosophie, des arts et des sciences, toutes disciplines qui s'hybrident et se fertilisent réciproquement, permettant à des civilisations millénaires de fleurir. Cet entrelacs se rompt à partir du moment où les disciplines scientifiques connaissent un développement impétueux, totalement disproportionné par rapport aux autres activités spéculatives. Le rythme somnolent de sociétés demeurées stables pendant des siècles est brusquement altéré par une suite de découvertes qui modifient profondément la façon de vivre de peuples entiers. D'un coup, tout change et continue à changer, à une vitesse effrayante.

Avec le développement de la science apparaît la modernité, les sociétés deviennent dynamiques et sujettes à de constantes transformations, l'effervescence gagne les groupes sociaux, les classes dominantes subissent de profonds changements, des équilibres de pouvoir séculaires sont renversés en l'espace de quelques décennies, si ce n'est de quelques années.

Mais les transformations les plus fondamentales n'ont pas trait à la manière dont nous communiquons ou produisons de la richesse, dont nous nous soignons ou voyageons. Les mutations les plus radicales regardent une fois encore notre façon de considérer le monde et de nous y situer.

Le récit des origines qui dérive de la science moderne acquiert rapidement une cohérence et une exhaustivité avec lesquelles il est difficile de rivaliser. Aucune autre discipline ne peut fournir des explications aussi convaincantes, vérifiables et compatibles avec les myriades d'observations produites par les scientifiques.

Même si le scénario au sein duquel évolue l'humanité perd progressivement les caractères magiques et mystérieux qui l'ont accompagné pendant des millénaires, la vision du monde qui se précise petit à petit est la chose la plus incroyable que l'on puisse imaginer. L'histoire de nos origines que propose la science est bien plus puissante et plus vivide que les récits mythologiques. Pour l'écrire, les scientifiques ont sondé les recoins les plus cachés et les plus infimes de la réalité, ils se sont risqués à explorer les mondes les plus reculés et ont dû se confronter à des états de la matière si différents de ceux que l'on connaît habituellement que leur esprit en vacille presque.

De là découlent les changements de paradigme qui définissent une époque et modifient de manière irréversible nos relations. La pression incessante des découvertes scientifiques rythme ce mouvement souterrain, comme la puissante poussée d'un magma incandescent qui déforme la croûte terrestre et la déchire parfois irrémédiablement.

Le récit que la science fait de l'origine de l'univers conditionne déjà nos vies. Il modifie profondément les bases sur lesquelles seront construits les nouveaux pactes sociaux, ouvre des scénarios inédits de possibilités à exploiter et de dangers à prévenir, et détermine le futur des nouvelles générations.

C'est pourquoi cette histoire doit être connue de tous, comme c'était le cas dans toutes les communautés de la Grèce antique, où chacun pouvait raconter les mythes fondateurs de sa *polis*. Mais pour cela, un grand obstacle doit être surmonté : la difficulté du langage scientifique.

Une langue compliquée

Tout commence avec un événement apparemment marginal, il y a un peu plus de 400 ans, qui a comme protagoniste un professeur pisan de géométrie et de mécanique de l'université de Padoue. Quand Galileo Galilei commence à modifier le tube bizarre construit par un lunetier hollandais pour en faire un instrument d'observation des corps célestes, il est bien loin d'imaginer les ennuis que cette initiative lui attirera, et encore moins le remue-ménage que ses observations provoqueront dans le monde entier.

Ce que Galilée découvre à travers ce système de lentilles le laisse abasourdi : la Lune n'est pas ce corps céleste parfait décrit par les textes faisant autorité, sa surface n'est pas homogène, mais présente des montagnes, des cratères aux bords déchiquetés et des plaines semblables aux nôtres ; le

Soleil a des taches et tourne sur lui-même ; la Voie lactée est un énorme amas d'étoiles ; les « petites » étoiles qui entourent Jupiter sont des satellites semblables à la Lune qui tournent autour de lui.

Lorsqu'il publie le résultat de ses observations en 1610 dans *Sidereus Nuncius*, il déclenche, peut-être involontairement, une avalanche qui va balayer un système de croyances et de valeurs établi depuis plus de 1 500 ans et que personne n'avait jamais osé remettre en question.

La modernité naît avec Galilée. L'homme s'affranchit de toute tutelle : armé de sa seule intelligence, il fait face, solitaire, à la grandeur de l'univers. Le scientifique ne cherche plus la vérité dans les livres ; il ne s'incline plus devant un principe d'autorité en répétant les formules transmises par la tradition. Il soumet dorénavant chaque chose à la critique la plus féroce. La science devient la recherche créative de « vérités provisoires » à travers des « expériences sensibles » et des « démonstrations nécessaires ».

La puissance de la méthode scientifique réside dans l'utilisation de conjectures vérifiées au moyen d'instruments qui permettent d'observer, de mesurer et de cataloguer les phénomènes les plus disparates de la nature. Ce sont les résultats des expériences, les *sensate esperienze* de Galilée, qui permettent de décider si une hypothèse fonctionne ou s'il convient de l'abandonner.

À partir de ses observations, on découvre bientôt des preuves irréfutables à l'appui des « folles » théories de Copernic et Kepler, qui entraînent un changement de notre vision du monde tellement radical que rien ne sera jamais plus comme avant. Art, éthique, religion, philosophie, politique, tout est bousculé par cette révolution conceptuelle qui place l'humain et sa raison au centre. Les bouleversements induits par cette nouvelle approche dans un laps de temps somme toute limité sont si profonds qu'il est difficile de trouver des précédents.

Si la science galiléenne est tellement révolutionnaire, c'est parce qu'elle ne s'arroge pas le droit de détenir la vérité, mais cherche sans relâche à falsifier ses prédictions ; elle s'exalte à l'idée de faire crouler d'un coup d'un seul les certitudes acquises jusqu'alors ; elle s'autocorrige en fonction des vérifications expérimentales ; enfin, pour mettre à l'épreuve des hypothèses toujours plus complexes, elle va jusqu'à explorer les régions les plus reculées de la matière et de l'univers.

Cette approche patiente et consciente donne naissance à de nouveaux concepts qui rendent compte de phénomènes difficiles à saisir et apparemment marginaux. Ainsi, tandis qu'une vision du monde toujours plus complète et subtile se dessine, nous finissons par comprendre jusque dans leurs moindres détails les phénomènes naturels les plus éloignés et développons des technologies de plus en plus perfectionnées.

Mais il y a un prix à payer pour emprunter cette voie : la nécessité d'avoir recours à des outils toujours plus complexes et à un langage qui se démarque de plus en plus du sens commun. En effet, dès que nous nous éloignons de notre environnement quotidien, les outils et l'appareil conceptuel qui accompagnent nos activités ordinaires se révèlent totalement inadaptés. Pour explorer les minuscules dimensions dans lesquelles se cachent les secrets de la matière ou les immenses espaces cosmiques qui nous racontent l'origine de l'univers, des années de préparation ainsi que des équipements très spécifiques sont indispensables.

Cela n'a rien de surprenant. Les explorations les plus audacieuses sur Terre exigent elles aussi leur lot de fatigue et des instruments bien précis. Pensez aux régates extrêmes, aux ascensions sur l'Himalaya ou aux expéditions au fond des abysses... Pourquoi l'exploration scientifique devrait-elle être plus simple ?

Si vous voulez vraiment apprécier la physique, il vous faudra travailler pendant des années, étudier la théorie des groupes et le calcul différentiel, maîtriser la relativité et la mécanique quantique, apprendre la théorie des champs... Une tâche ardue, car il s'agit d'un langage et de concepts difficiles à maîtriser, même pour ceux qui les pratiquent depuis des années. Mais la barrière du langage spécialisé, qui empêche la plupart des gens de pénétrer dans le cœur battant de la recherche scientifique moderne, peut être facilement levée. Il est possible d'employer le langage ordinaire pour en expliquer les concepts de base et surtout, pour rendre accessible à tous la nouvelle vision du monde que produit la science.

Un voyage dangereux

Pour comprendre l'origine de notre univers, nous devons accepter d'entreprendre un voyage particulièrement périlleux : notre esprit doit s'aventurer dans des milieux si différents de ceux auxquels nous sommes habitués que nos catégories usuelles en deviennent totalement inutiles. Nous voici contraints de raconter l'indicible, de dépeindre l'inimaginable et de nous mesurer à toutes les limites de notre cerveau, celui des *Homo sapiens*, qui a été un outil puissant pour explorer et coloniser la planète, mais qui s'avère tout à fait inadapté pour comprendre pleinement ce qui se passe dans des lieux aussi lointains. Comme les navigateurs d'un temps, nous n'avons d'autre choix que de mettre le cap sur l'horizon, en acceptant les dangers et les inconnues d'une expédition sur un océan inexploré.

Dans la recherche scientifique, revenir au port est toutefois aussi important que d'en partir. En cela, le chercheur moderne ressemble beaucoup à Ulysse, qui, où qu'il aille, rêve du moment où il débarquera à Ithaque. Même si vous n'avez pas découvert de nouveaux territoires, même si vous avez subi un terrible naufrage, à votre retour, vous pourrez malgré tout décrire aux autres marins les routes infructueuses et les écueils à éviter.

Car la science moderne est une grande aventure collective. Nous avons des théories et des cartes pour nous guider, mais le hasard nous conduit souvent dans des endroits totalement inconnus ; nous disposons de « navires » soigneusement conçus, dans les moindres détails, mais il suffit d'une vétille pour qu'une catastrophe survienne. Notre équipage, c'est cette communauté colorée et turbulente constituée de milliers d'esprits passionnés, ces explorateurs modernes, patients et curieux, prompts, comme Ulysse, à inventer de nouveaux stratagèmes pour surmonter chaque imprévu.

Si les grandes questions qui guident nos investigations sont quasiment de nature philosophique (de quoi est faite la matière ? comment l'univers est-il apparu ? qu'adviendra-t-il de notre monde ?), le travail des physiciens expérimentaux n'en demeure pas moins l'une des activités les plus concrètes que l'on puisse imaginer.

Un physicien des particules, l'un des 10 000 chercheurs dans e monde qui explorent le comportement des bribes les plus infimes de matière, ne reste pas assis à son bureau à faire des calculs, à réfléchir à des théories, à fantasmer sur de nouvelles particules. Saviez-vous qu'un appareil moderne de physique des hautes énergies est haut comme un immeuble de cinq étages, pèse autant qu'un croiseur et contient des dizaines de millions de capteurs ? Des milliers de personnes et une attention paranoïaque aux détails sont nécessaires pour construire et faire fonctionner ces miracles de la technologie. Pour fabriquer de nouveaux instruments plus sophistiqués que leurs prédécesseurs, pour lancer des « vaisseaux » plus agiles et plus rapides pour notre navigation, nous passons des années à développer des prototypes, à nous damner pour les faire fonctionner, puis pour les produire à grande échelle. Et même lorsque ces détecteurs patiemment entretenus sont enfin en fonction et contribuent sans problème pendant des mois à une expérience, la possibilité d'une catastrophe ne quitte jamais tout à fait nos esprits. Un détail négligé, une puce défectueuse, un connecteur fragile, un tube de refroidissement soudé à la hâte peuvent à tout moment produire des dommages irréparables à cette entreprise collective. La différence entre un succès scientifique retentissant et le pire des échecs se cache souvent dans un détail stupide et insignifiant.

Les deux voies de la connaissance

Comment recueillons-nous des informations expérimentales sur la naissance de l'espace-temps ? Comment les scientifiques étudient-ils les premiers vagissements du bébé univers ? Ici, entrent en scène deux voies de connaissance, totalement indépendantes et de nature complètement différente.

Nous avons d'un côté la physique des particules, qui explore l'infiniment petit : la matière qui nous entoure, celle qui forme les roches, les planètes, les fleurs, les étoiles... Tout, nous compris, possède des caractéristiques extrêmement particulières, des propriétés qui nous semblent ordinaires, mais qui sont en fait tout à fait spéciales, liées au fait que l'univers est une structure très ancienne et très froide. Les données les plus récentes indiquent que notre « maison » a été construite il y a près de quatorze milliards d'années et qu'il s'agit d'un milieu glacial, je dirais même froid au dernier degré. Pour nous, isolés sur la planète Terre, tout semble tiède et confortable, mais dès que nous quittons la coquille protectrice de l'atmosphère, le thermomètre dégringole. Si vous mesurez la température d'un point quelconque dans les immenses espaces vides qui séparent les étoiles ou dans l'espace intergalactique, le thermomètre marque quelques degrés au-dessus du zéro absolu (–273 °C). La matière de l'univers actuel, raréfié, très ancien et très froid, se comporte de manière très différente de celle de l'univers enfant, qui était un objet incandescent d'une densité énorme.

Pour comprendre ce qui est advenu durant ces tout premiers instants de vie, nous devons faire preuve d'ingéniosité et trouver un moyen de reporter de minuscules fragments de matière actuelle aux températures très élevées de ces conditions initiales. Une sorte de voyage en arrière dans le temps.

Les accélérateurs de particules servent à cela. En faisant entrer en collision des protons ou des électrons de haute énergie, nous exploitons la relation d'Einstein : l'énergie est égale à la masse multipliée par la vitesse de la lumière au carré. Plus l'énergie de la collision est élevée, plus la température locale obtenue est élevée et plus la masse des particules produites (et étudiées) est importante. Pour atteindre les énergies les plus élevées, on construit des appareils gigantesques, comme le Grand collisionneur de hadrons (LHC), le puissant accélérateur du CERN qui s'étend sous terre sur 27 kilomètres, près de Genève.

En chauffant de minuscules portions de l'espace à des températures similaires à celles qui régnaient dans l'univers primitif, il est possible de ramener à la vie des particules éteintes : ces particules ultramassives qui peuplaient l'objet incandescent des tout premiers instants et qui ont disparu depuis longtemps. Grâce aux accélérateurs, elles émergent un instant du sarcophage glacé dans lequel elles hibernent, et nous pouvons les étudier en détail. C'est ainsi que nous avons découvert le boson de Higgs. Nous en avons détecté quelques poignées après un sommeil de 13,8 milliards d'années. Certes, les bosons tant recherchés se sont immédiatement désintégrés en particules plus légères, mais ils ont laissé des traces caractéristiques dans nos détecteurs. Les images de ces désintégrations particulières se sont accumulées et, lorsque nous avons eu la certitude que le signal était distinct du bruit de fond et que les autres causes possibles d'erreur étaient sous contrôle, nous avons annoncé notre découverte au monde entier.

L'exploration de l'infiniment petit, la reconstruction de particules éteintes, l'étude des états exotiques de la matière qui constituait l'univers primitif sont l'une des deux façons de comprendre les premiers instants de l'espace-temps. L'autre voie possible est celle des supertélescopes, de grands instruments qui explorent l'infiniment grand en observant les étoiles, les galaxies et les amas de galaxies, voire l'univers dans son entier. Dans ce cas également, nous utilisons la relation d'Einstein qui fixe la vitesse de la lumière à *c*, soit environ 300 000 kilomètres par seconde : une vitesse très élevée, mais pas infinie. Lorsque nous observons un objet très lointain, les galaxies situées à des milliards d'années-lumière par exemple, elles ne nous apparaissent pas telles qu'elles sont maintenant (il est d'ailleurs difficile de définir ce que signifie « maintenant »), mais telles qu'elles étaient il y a des milliards d'années, c'est-à-dire lorsqu'elles ont émis cette lumière qui nous parvient aujourd'hui.

Grâce aux supertélescopes, en scrutant des objets très grands et très distants, il est possible d'observer « en direct » les principales phases de la formation de l'univers et de recueillir des données précieuses sur notre histoire. C'est par exemple en relevant les premiers signaux timides émis par des milliers de nouveaux astres qui fleurissent au cœur d'énormes nébuleuses gazeuses que nous comprenons comment naissent les étoiles ; nous notons l'épaississement du gaz et des poussières dans les anneaux de matière qui orbitent autour d'un nouvel astre, un indice certain de systèmes protoplanétaires en formation. Notre Soleil et les planètes qui l'entourent se sont formés ainsi, et assister à un tel spectacle est merveilleux.

Si nous nous aventurons encore plus loin, nous surprenons la formation des premières galaxies, des objets turbulents qui émettent parfois d'énormes quantités de radiations dans toutes les longueurs d'onde, un indice très net d'une naissance traumatique. Grâce aux supertélescopes, nous pouvons enfin observer les merveilles de l'univers dans son ensemble et mesurer certaines de ses propriétés avec une précision effrayante. La distribution locale des températures de l'univers est une sorte de mémoire incroyable qui renferme les traces éloquentes des événements survenus aux tout premiers instants : d'infimes fluctuations de température nous renseignent sur notre histoire la plus ancienne dans un langage que nous sommes capables d'interpréter depuis longtemps.

Mais le plus prodigieux, c'est que ces deux voies de connaissance, fondées sur des méthodes complètement différentes, presque sans rapport entre elles, administrées par deux communautés indépendantes, sont parfaitement cohérentes : les données recueillies dans le monde des distances infinitésimales des particules élémentaires et dans le monde des énormes distances cosmiques convergent, implacablement, vers le même récit des origines.

Vous qui entrez ici, abandonnez tout préjugé

Le discours scientifique exige enfin et surtout l'abandon de toute forme de préjugé. Les vrais explorateurs n'ont pas peur de l'inattendu ; bien au contraire, ils appellent de leurs vœux la chance d'observer des phénomènes totalement insoupçonnés. Comme les mythiques Argonautes à la recherche de la Toison d'or, c'est la curiosité davantage que l'espoir d'une récompense qui les anime. Loin d'aspirer à la tranquillité, ils ont le goût du risque.

Lorsqu'on entreprend un voyage vers l'origine du monde comme celui que nous nous apprêtons à faire, il faut abandonner immédiatement et pour toujours des concepts qui guident notre vie quotidienne, tels que la persistance des choses ou la réassurance que procure l'harmonie autour de nous. Nous ne pourrons plus nous référer à l'univers en utilisant le mot « cosmos », ce système ordonné et régulier opposé au chaos, le désordre étant relégué dans des régions éloignées et insignifiantes.

Nous sommes tellement conditionnés par notre vie quotidienne, par ce que nous voyons et expérimentons habituellement à l'intérieur de notre mince coquille sphérique, qu'il nous semble naturel d'étendre les lois qui régissent notre existence au reste de l'univers. Enchantés par la régularité avec laquelle la nuit succède au jour, par la récurrence des cycles de la Lune et des saisons, par la persistance des étoiles qui illuminent la voûte céleste, nous avons imaginé que des équilibres similaires devaient exister partout ailleurs. Mais tel n'est pas le cas. Bien au contraire.

Nous n'existons que depuis quelques millions d'années, nos vies ont une durée infinitésimale par rapport aux cycles de n'importe quel processus cosmique important ; nous habitons sur une planète rocheuse et chaude, riche en eau, entourée et protégée par une atmosphère confortable et un champ magnétique bienveillant qui, comme des couvertures magiques, absorbent les rayons ultraviolets, nous protègent des effets dévastateurs des rayons cosmiques et des essaims de particules. Notre étoile mère, le Soleil, est de taille moyenne et se trouve dans une région très calme et plutôt périphérique de la galaxie qui nous accueille. L'ensemble du Système solaire tourne lentement, si l'on peut dire, à 26 000 années-lumière du centre de la Voie lactée. Une distance de sécurité, car là déjà se tapit un trou noir monstrueux, Sagittarius A*, un objet pesant quatre millions de masses solaires, capable de détruire des milliers d'étoiles autour de lui.

Si nous observons attentivement les phénomènes qui affectent des corps célestes apparemment immobiles et placides comme les étoiles, nous rencontrons des objets incroyables et constatons que d'immenses quantités de matière peuvent se comporter de manière très excentrique.

C'est le cas des pulsars, des objets ténébreux et compacts, qui concentrent dans un rayon d'environ dix kilomètres la masse d'un ou deux soleils. Des myriades de neutrons sont emprisonnées par la gravité, qui les écrase, les comprime et tente de les broyer, tandis que l'étoile tourbillonne sur elle-même en produisant des champs magnétiques impensables.

Sans parler des quasars et des blazars, ces corps ultramassifs qui rugissent au centre de certaines galaxies. Des trous noirs aux masses disproportionnées, jusqu'à des milliards de fois celle du Soleil, capables d'avaler les étoiles malchanceuses happées par leur monstrueux champ gravitationnel. Cette danse macabre se déploie sur des millions d'années et nous pouvons l'observer depuis la Terre, car la matière qui tombe en tournoyant dans l'abîme se tord, se désintègre et finit par émettre des jets et des rayons gamma de haute énergie que nos détecteurs sont capables d'identifier.

Ces étranges corps célestes – étoiles à neutrons et trous noirs – sont à l'origine de catastrophes incommensurables qui semblent constituer la routine de régions entières du « cosmos ». Aujourd'hui, nous pouvons les étudier avec une grande précision, jusqu'à les voir entrer en collision les uns avec les autres, générant des ondes gravitationnelles qui nous parviennent à des milliards d'années-lumière de distance.

Mais il n'est pas nécessaire de chercher si loin pour comprendre comment le *chaos* se cache sous l'apparence du *cosmos* : il suffit d'observer la surface du Soleil. Vue de près, l'étoile tranquille que nous imaginons, qui illumine placidement nos journées, est un système complexe et chaotique, fait d'innombrables explosions thermonucléaires, de mouvements de convection, d'oscillations périodiques de masses effrayantes et de flux de plasma projetés par de puissants champs magnétiques. À l'intérieur de notre étoile se déroule un affrontement de forces titanesques, une bataille qui dure depuis d'innombrables années, avec un vainqueur annoncé : la gravité. Dans quelques milliards d'années, lorsque le combustible nucléaire sera épuisé, celle-ci réussira enfin à rompre et broyer les couches internes du Soleil, provoquant son effondrement. Le noyau central sera comprimé tandis que les couches extérieures commenceront à se dilater jusqu'à atteindre Mercure, Vénus et la Terre, qui s'évaporeront alors instantanément.

Des systèmes hautement chaotiques, vus de loin, peuvent donc nous sembler ordonnés et réguliers. La même chose se produit à l'autre extrémité du spectre des observations, dans le monde de l'infiniment petit.

La plus brillante et la plus lisse des surfaces, examinée de très près, révèle immédiatement la danse chaotique des composants élémentaires de la matière qui fluctuent, oscillent, interagissent et changent de nature à un rythme effréné. Les quarks et les gluons, qui composent les protons et les neutrons, changent sans cesse d'état, interagissant entre eux et avec les myriades de particules virtuelles les entourant. Au niveau microscopique, la matière suit implacablement les lois de la mécanique quantique, régies par le hasard et le principe d'indétermination. Rien n'est immobile, tout bouillonne dans une extraordinaire variété mouvante d'états et de possibilités.

Mais lorsque nous observons un grand nombre de ces particules, lorsque les structures deviennent macroscopiques, les mécanismes qui régissent leur dynamique acquièrent presque par magie régularité, persistance, ordre et équilibre. La superposition d'un nombre gigantesque de phénomènes microscopiques aléatoires, qui se développent dans toutes les directions possibles, produit des états macroscopiques ordonnés et persistants.

Peut-être faut-il utiliser un nouveau concept pour décrire cet état de fait apparemment structurel : *chaos cosmique* pourrait être l'oxymore qui convient pour mettre en relation ces deux entités qui se poursuivent et jouent à cache-cache dans l'univers. Nous retrouvons cette dynamique lorsque nous sondons les recoins les plus infimes du monde des particules élémentaires, mais aussi lorsque nous observons ce qui se passe au cœur des étoiles ou des structures gigantesques, comme les galaxies ou les amas de galaxies.

Parmi tous les préjugés que nous devrons abandonner pour comprendre la naissance de l'univers, il y a surtout celui de l'ordre. Notre seul guide durant ce voyage sera l'imagination, qui mettra en scène des concepts à faire pâlir d'envie tous les romans de science-fiction. Ce périple nous familiarisera avec les théories qui sont en train de changer à jamais notre vision du monde. Et peut-être, en refermant ce livre, nous découvrirons-nous différents de ce que nous étions avant de nous lancer dans cette aventure.

Attachez vos ceintures, nous partons.

Au commencement était le vide

Au commencement était le vide. Nous venons de faire le plus gros en répondant d'emblée à la question la plus difficile : qu'y avait-il avant le Big Bang ?

En toute rigueur, la question est mal posée. Comme nous le verrons bientôt, l'espace-temps entre en scène en même temps que la masse-énergie, de sorte qu'il ne peut y avoir d'*avant*, d'horloge qui tournerait *en dehors* d'un univers qui doit encore naître. Mais pour les besoins de notre narration, nous pouvons ignorer cette difficulté logique et aller directement au point qui nous intéresse.

Acceptons donc ce paradoxe et demandons-nous ce qu'il y avait *avant* la naissance du temps. Transportons-nous dans ce *non-lieu* d'où aurait jailli tout l'espace : nous, qui sommes des êtres matériels ayant besoin d'air pour respirer et de lumière pour voir, nous voici là-bas, improbables spectateurs de la naissance de tout, alors qu'il n'y a encore aucune trace de matière ou d'énergie.

Devant nous s'étend le vide, un système physique très particulier qui, comme son nom ne l'indique pas, est tout sauf vide. Les lois de la physique le remplissent de particules virtuelles qui apparaissent et disparaissent à un rythme forcené, le surchargeant de champs d'énergie dont les valeurs autour de zéro fluctuent constamment. N'importe qui peut emprunter de l'énergie à la grande banque du vide et vivre une existence d'autant plus éphémère que la dette qu'il a contractée est importante.

De ce système, de ces fluctuations, peut naître un univers matériel qui, en réalité, est encore et toujours un vide, mais un vide qui a subi une merveilleuse métamorphose.

Un univers gigantesque en expansion

Aujourd'hui, les images naïves produites par nos meilleurs savants avant la mise au point des télescopes modernes nous arrachent un sourire.

Le mot « univers » vient du latin *unus*, « un », et *versus*, le participe passé de *vertere*, « tourner ». Nous l'utilisons comme un synonyme du tout, bien que son sens littéral soit « ce qui est entièrement tourné dans la même direction » et renvoie par conséquent à d'anciennes croyances mettant en scène un système stable et ordonné de corps en rotation. Ce préjugé court comme un fil rouge des conceptions anciennes d'Aristote et de Ptolémée aux modèles plus modernes de Copernic et de Kepler.

L'univers géocentrique et l'univers héliocentrique sont tout à fait différents d'un point de vue conceptuel. Pendant près de 2000 ans, les savants ne cessent de faire des calculs et de débattre du mouvement des merveilleuses sphères concentriques qui contiennent la Lune, le Soleil, les planètes et les étoiles fixes. Puis, soudainement, cette vision du monde s'effondre. Retirer à la Terre sa place au centre de la création n'est pas un détail, pour la société du XVIIe siècle : c'est un terrible choc culturel, philosophique et religieux. À partir de ce moment, le monde ne sera jamais plus le même.

Pourtant, si l'on prend un peu de recul, ces deux systèmes qui semblent irréconciliables au point d'avoir fait couler le sang en leur nom ont en réalité une structure très similaire. Tous deux décrivent un univers immuable, stationnaire, une machine parfaite qui garantit une rotation harmonieuse et pérenne. Qu'il fonctionne grâce à « l'amour qui fait bouger le Soleil et les autres étoiles » ou grâce à la force gravitationnelle de Galilée et de Newton, le fond du raisonnement est similaire.

Ce préjugé d'un univers éternel, immuable, parfait et donc identique à lui-même *ab initio*, perdure pratiquement jusqu'à nos jours. Nous le retrouvons jusque dans les premières formulations de la cosmologie relativiste du début du XXe siècle.

En 1917, Albert Einstein développe les conséquences de sa théorie de la relativité générale et postule un univers homogène, statique et spatialement incurvé. Selon lui, la masse et l'énergie déforment l'espace-temps et le conduiraient à s'effondrer en un point, mais si l'on ajoute un terme positif à l'équation pour compenser cette tendance à la contraction, le système reste en équilibre. La cosmologie moderne naît de cet écart à la règle. L'ajout d'un terme arbitraire permet d'éviter la fin catastrophique de l'univers, qui serait inévitable en présence de la seule gravité. Parce qu'il veut maintenir à tout prix le préjugé millénaire de stabilité et de persistance dont il est manifestement prisonnier, Einstein introduit de force ce que nous appelons la « constante cosmologique », une sorte d'énergie du vide, positive, qui tend à tout pousser vers l'extérieur et s'oppose donc à l'attraction gravitationnelle, assurant la stationnarité de l'ensemble.

Maintenant que nous savons que l'univers est composé de centaines de milliards de galaxies, nous avons du mal à imaginer qu'au début des années 1920, les scientifiques de l'époque, y compris quelques-uns des esprits les plus brillants de l'Histoire, pensaient encore qu'il se limitait à la seule Voie lactée. Le lent mouvement concentrique des corps de cette galaxie pouvait en effet inciter à concevoir l'univers comme un système stationnaire, harmonieux et ordonné. Cette vision allait toutefois rapidement être mise en question par de nouvelles observations, mais l'intuition géniale d'un jeune scientifique belge a anticipé cette rupture radicale.

En 1927, Georges Lemaître a 33 ans. Ce prêtre catholique, diplômé en astronomie à Cambridge, termine son doctorat au Massachusetts Institute of Technology. Il est l'un des premiers à comprendre que les équations d'Einstein peuvent aussi décrire un univers dynamique, un système à masse constante mais en expansion, c'est-à-dire dont le rayon croît avec le temps. Lorsqu'il expose son idée à son éminent collègue, le commentaire d'Einstein est péremptoire : « Vos calculs sont corrects, mais votre physique est abominable ». Le préjugé ancestral qui pousse à concevoir l'univers comme un système stationnaire est tellement enraciné que même l'esprit le plus élastique et le plus imaginatif de son temps rejette l'idée qu'il soit en expansion et qu'il ait eu, par conséquent, un commencement.

Il faudra des années de discussions et de confrontations féroces pour que cette nouveauté extraordinaire soit acceptée par les scientifiques, et bien plus encore pour qu'elle passe dans les représentations du grand public.

La clé du succès est suggérée par Lemaître lui-même : dans l'article qui détaille sa nouvelle théorie, il mentionne la mesure de la vitesse radiale des nébuleuses extragalactiques. Les astronomes s'intéressent en effet à ces objets étranges semblables à des nuages, que l'on suppose être des groupes d'étoiles agrégées à des agglomérats de poussière ou de gaz. Nous savons aujourd'hui qu'il s'agit de galaxies, chacune contenant des milliards d'étoiles, mais les télescopes de l'époque ne permettaient pas d'obtenir des images détaillées.

Pour calculer la vitesse de déplacement d'une étoile ou d'un corps lumineux quelconque, les astronomes savent depuis longtemps utiliser l'effet Doppler. Ce phénomène, que nous observons tous les jours en entendant les ondes acoustiques émises par la sirène d'une ambulance, s'applique aussi aux ondes lumineuses. Lorsque la source d'émission s'éloigne, la fréquence des ondes que nous recevons diminue : le son de la sirène devient plus grave, et dans le cas de la lumière, la couleur vire vers le rouge. En analysant le spectre des fréquences lumineuses émises par les différents corps célestes, on peut mesurer ce décalage vers le rouge (*redshift*) pour chacun d'eux et calculer la vitesse radiale à laquelle ils s'éloignent.

Mais il n'était pas facile de mesurer la distance de ces formations et de déterminer si elles se trouvaient dans notre Galaxie.

C'est Edwin Hubble, un jeune astronome de l'Observatoire du Mont Wilson en Californie, équipé à l'époque du télescope le plus puissant du monde, qui trouve la solution.

La technique qu'il utilise repose sur l'utilisation des céphéides, des étoiles pulsantes à la luminosité variable.

Lorsque Hubble commence ses travaux, Henrietta Swan Leavitt, l'une des premières astronomes américaines, vient de mourir à 53 ans. Cette jeune femme a apporté une énorme contribution à ce domaine de recherche sans recevoir, comme cela a malheureusement trop souvent été le cas, la reconnaissance qu'elle aurait méritée. Au début du XXe siècle, il est en effet presque impensable qu'une femme utilise un télescope et les très rares femmes scientifiques sont confinées à des rôles secondaires d'exécution. Leavitt tient lieu de calculatrice humaine : sa tâche consiste à examiner, l'une après l'autre, des milliers de plaques photographiques contenant des images prises par des télescopes, et à noter les caractéristiques des étoiles et des objets célestes. Elle est notamment chargée de mesurer et de cataloguer la luminosité apparente des étoiles.

La jeune astronome concentre ses recherches sur les étoiles à luminosité variable du Petit Nuage de Magellan, une nébuleuse considérée à l'époque comme appartenant à notre Galaxie. Leavitt fait alors une observation géniale : les étoiles les plus brillantes sont aussi celles qui ont la plus longue période de pulsation. Une fois cette corrélation établie, il est possible d'estimer la luminosité absolue d'une étoile, ce qui permet d'en mesurer la distance. La luminosité d'un objet est inversement proportionnelle au carré de la distance à l'observateur. Si l'on connaît la luminosité absolue de l'échantillon, il suffit de mesurer la luminosité apparente pour obtenir sa distance.

Leavitt mesure la relation entre la luminosité et la période des céphéides du Petit Nuage de Magellan et, supposant que les étoiles sont situées à peu près à la même distance de la Terre, elle construit l'échelle de luminosité intrinsèque à partir de la luminosité apparente enregistrée sur les plaques.

Grâce à l'incroyable intuition d'une jeune et brillante astronome, les scientifiques peuvent s'appuyer sur les premières *chandelles standards*, des sources lumineuses d'intensité connue grâce auxquelles il est possible d'obtenir une mesure absolue de la distance.

C'est ce que fait Hubble : il se sert des céphéides de la nébuleuse d'Andromède pour arriver à la conclusion que ces corps célestes se trouvent à des distances trop grandes pour faire partie de la Voie lactée.

Lemaître a connaissance des premières mesures effectuées par Hubble, qui place non seulement ces nébuleuses en dehors de notre galaxie, mais leur attribue également des vitesses d'éloignement impressionnantes. Sa théorie d'un univers en expansion permet d'expliquer ces nouvelles observations, à condition d'accepter l'idée qu'il s'agit d'un système énorme, monstrueusement plus grand que ce que l'on pensait jusqu'alors. Une structure gigantesque dans laquelle se trouvent d'innombrables galaxies semblables à la nôtre, où tout s'éloigne de tout.

Après avoir placé pendant des milliers d'années la Terre au centre de l'univers et accepté à contrecœur que notre planète soit seulement l'un des nombreux corps qui tournent autour du Soleil, une dernière illusion se dissipe soudainement. Le Système solaire et notre chère Voie lactée n'ont pas de statut particulier. Nous ne sommes qu'une composante insignifiante d'une galaxie anonyme, une parmi les myriades d'autres qui peuplent l'univers. Comme si cela ne suffisait pas, l'ensemble du système évolue dans le temps : comme tout objet matériel, il a eu un début et aura probablement une fin.

Le Big Bang

L'intuition de Lemaître, confirmée par les mesures de Hubble, jette les bases d'une nouvelle vision du monde. Dans son article original écrit en français, le prêtre-astronome va jusqu'à prédire une relation de stricte proportionnalité entre la distance et la vitesse de récession des objets astronomiques. Si son idée d'un univers en expansion est correcte, les galaxies les plus éloignées devraient s'éloigner de nous plus rapidement et présenter un décalage vers le rouge plus important. C'est exactement le résultat auquel arrive Hubble tandis que son catalogue d'observations s'enrichit. Mais l'intuition de Lemaître reste longtemps ignorée, car la diffusion de la revue belge qui publie son article est confidentielle. C'est pourquoi, jusque très récemment, cette corrélation était connue sous le seul nom de « loi de Hubble ». Grâce à un patient travail de reconstruction, la contribution du scientifique belge a finalement été reconnue. Il a fallu près de 100 ans, mais aujourd'hui, la relation qui a permis d'établir la nature dynamique de l'univers est nommée, à juste titre, « loi de Hubble-Lemaître ».

Au début des années 1930, devant l'accumulation d'observations expérimentales, Einstein lui-même finit par abandonner son scepticisme initial. En admettant à contrecœur que le prêtre belge et l'astronome américain avaient raison, le grand scientifique aurait affirmé : « La constante cosmologique a été la plus grande erreur de ma vie ».

Si l'on part d'un état initial en rapide expansion, nul besoin d'introduire cette correction *ad hoc*, qui disparaît donc pendant plusieurs décennies de l'équation fondamentale de la cosmologie. Ironie du sort, la situation s'inverse à nouveau dans la seconde moitié du XXe siècle lorsqu'il faut réintroduire, avec la découverte de l'énergie sombre, ce terme qui a tant tourmenté son créateur.

Le premier à émettre l'hypothèse de l'accélération de l'expansion de l'univers est encore Lemaître, qui laisse sciemment dans l'équation la constante cosmologique d'Einstein, bien qu'en lui attribuant une valeur très petite. Lemaître décrit la naissance de l'univers comme un processus qui s'est déroulé il y a entre 10 et 20 milliards d'années, à partir d'un état initial qu'il appelle l'« atome primitif ». Si son hypothèse rapproche les théories scientifiques les plus avancées de l'époque des nombreux récits mythologiques qui font remonter l'origine du monde à une sorte d'œuf cosmique, elle est aussi la première à établir un lien entre microcosme et macrocosme qui se révélera extrêmement fructueux dans les décennies suivantes.

Dès sa formulation, la nouvelle théorie suscite de nombreuses perplexités. En vérité, l'opinion publique mondiale a bien d'autres sujets de préoccupation : la grande crise de 1929, l'émergence du fascisme et du nazisme en Europe et les nombreux signes avant-coureurs d'un nouveau conflit mondial. Mais même dans les milieux scientifiques, le scepticisme à l'égard de la nouvelle hypothèse cosmologique est très fort. De nombreux scientifiques influents refusent d'accepter l'idée même d'un *début* de l'espace-temps, d'une *naissance* de l'univers, qui évoque bien trop la Genèse biblique, le concept de Création affirmé par diverses religions. Comme si cela ne suffisait pas, le premier à soutenir la nouvelle théorie est un prêtre scientifique, catholique de surcroît !

L'idée d'un univers éternel, d'un état stationnaire incréé et pérenne, défendue en premier lieu par Aristote, fascine encore de nombreux scientifiques. Parmi eux, Fred Hoyle, un astronome britannique jouissant d'une certaine notoriété. Il considère la théorie proposée par Lemaître comme tout simplement répugnante et restera sur sa position jusqu'à sa mort en 2001. C'est lui qui, au cours d'une émission de radio de la BBC en 1949, utilise pour la première fois l'expression, à ses yeux péjorative, de « théorie du Big Bang ». Ironiquement, l'image d'une grande explosion, qui aurait dû selon Hoyle ridiculiser cette théorie cosmologique, finit par pénétrer profondément dans l'imaginaire collectif et contribue largement à son succès.

Pendant des décennies, la science soviétique est le bastion des détracteurs irréductibles du Big Bang, qualifié de vision pseudo-scientifique et idéaliste théorisant une sorte de création, trop semblable à celle décrite par la religion pour ne pas éveiller les soupçons. Peu importe pour eux que Lemaître ait toujours maintenu la sphère de la science bien séparée de celle de la foi. Ils voient d'ailleurs leur position confortée lorsque Pie XII, en 1951, ne résiste pas à la tentation de faire allusion au Big Bang décrit par les scientifiques comme au moment biblique de la Création. Lemaître récusera quant à lui avec force cette tentative pontificale de validation scientifique du créationnisme visant à renforcer les bases rationnelles de la foi.

Ce sont, une fois encore, les résultats expérimentaux qui déterminent le succès définitif de la théorie du Big Bang. Parmi les prédictions de la nouvelle hypothèse cosmologique, l'existence d'un rayonnement diffus dans l'univers entier est avancée autour des années 1950. Ces ondes électromagnétiques fossiles très faibles sont un résidu du moment où les photons se sont irrémédiablement séparés de la matière pour continuer à fluctuer partout autour de nous. Étirées sur des milliards d'années par l'expansion de l'espace-temps, elles possèdent une énergie subtile qui donne au vide interstellaire sa température caractéristique de quelques kelvins.

Les astronomes américains Arno Penzias et Robert Wilson font cette découverte sensationnelle en 1964, presque par hasard. Cela fait des semaines que les deux hommes travaillent d'arrache-pied pour remettre en marche une antenne qu'ils veulent utiliser pour des observations de radioastronomie dans la région des micro-ondes, mais ils ne réussissent pas à éliminer un signal gênant qui semble venir de toutes les directions. Ils supposent d'abord qu'il s'agit d'interférences dues à une station de radio émettant à proximité du laboratoire ; puis ils pensent à des perturbations électromagnétiques liées à diverses activités dans la ville voisine de New York. Ils s'assurent même de l'innocence d'un couple de pigeons qui a fait son nid dans l'antenne, recouvrant une partie de l'appareil d'un matériau diélectrique blanchâtre (dit plus prosaïquement, de fiente de pigeon). Ils finissent par jeter l'éponge et publient leurs résultats dans une courte lettre. La découverte du fond diffus cosmologique ou FDC (en anglais, *Cosmic Microwave Background*) provenant de toutes les directions du ciel et la confirmation du fait que la température moyenne de l'univers soit de quelques kelvins (environ -273 °C) signent le succès désormais indiscutable de la nouvelle théorie. Ce que Penzias et Wilson ont enregistré, c'est l'écho du Big Bang, la mère de toutes les catastrophes, l'événement primordial, la preuve que tout a commencé il y a 13,8 milliards d'années.

Un univers qui émerge du vide

Et pourtant, tandis que la théorie du Big Bang rencontre un succès public considérable et tient la vedette dans les programmes télévisés et dans les bandes dessinées pour enfants, les scientifiques continuent à douter.

Même si des mesures de plus en plus précises du FDC continuent d'ajouter au puzzle des pièces de plus en plus convaincantes, une question fondamentale reste à résoudre. En effet, la théorie traditionnelle du Big Bang cache un problème gigantesque : si l'univers est né d'un point où se sont concentrées une énergie et une masse monstrueuses, un système extrêmement dense et chaud qui serait entré en expansion de façon furibonde, quel phénomène physique a bien pu concentrer tout cela en ce point ? C'est, d'une certaine manière, la question à laquelle Italo Calvino fait allusion en plaisantant dans sa nouvelle « Tout en un point », issue du recueil *Cosmicomics* : « Chaque point de chacun de nous coïncidait avec chaque point de chacun des autres en un point unique qui était celui-là où nous nous trouvions tous ». Une idée similaire inspire à Jorge Luis Borges, des années plus tôt, sa nouvelle magnifique *L'Aleph*. Le récit tire son titre de la première lettre de l'alphabet hébreu, qui indique également le nombre primordial contenant tous les autres nombres, et raconte l'histoire d'une petite sphère mystérieuse dans laquelle on peut voir l'univers entier.

Bref, dès qu'on gratte un peu, sous la surface de la théorie établie apparaît un énorme point d'interrogation. Quel mécanisme peut bien conduire à une condition aussi exceptionnelle : un point adimensionnel à la densité et à la courbure infinies, c'est-à-dire ce que les physiciens appellent une *singularité* ?

En théorie, une solution simple et élégante semble à portée de main : les mêmes équations qui décrivent une expansion contrée par l'attraction gravitationnelle pourraient être utilisées pour décrire le processus inverse, c'est-à-dire une contraction irrésistible qui conduirait inéluctablement au *Big Crunch*, une implosion colossale.

Dans certaines conditions, l'expansion de l'univers peut être ralentie par l'attraction gravitationnelle qui agit sur la matière et l'énergie, jusqu'à s'annuler complètement et passer à une phase de contraction. Dans cette hypothèse, lentement mais sûrement, la concentration des galaxies à l'intérieur des amas augmenterait, de même que la densité de la matière et la température moyenne dans tout l'univers. Le processus finirait par créer de nouvelles concentrations énormes de trous noirs, de rayonnements et de matière ionisée qui ne pourraient que s'effondrer de manière catastrophique dans une région de taille toujours plus réduite, potentiellement pointiforme. Il en naîtrait une nouvelle singularité qui donnerait lieu à un autre Big Bang à l'origine d'un nouvel univers, un maillon d'une chaîne infinie d'événements d'expansion et de contraction. Le souffle d'un immense accordéon qui composerait ses mélodies sur des cycles temporels de dizaines de milliards d'années.

Cette hypothèse, qui attribue à l'univers matériel un cycle de vie, de mort et de renaissance, sans début ni fin, rappelle certains concepts communs à de nombreuses philosophies orientales. L'univers lui-même serait donc soumis au Samsāra, la roue de l'existence qui emprisonne les êtres vivants dans une série d'innombrables réincarnations ? Cette solution symétrique et élégante a le mérite de résoudre avec légèreté l'apparente violation de la conservation de l'énergie, en répondant à la question de savoir comment tout l'univers a pu se retrouver concentré dans une singularité.

Cette porte de sortie est restée ouverte pendant quelques décennies, mais a perdu de sa consistance lorsque les astronomes et les astrophysiciens ont obtenu des mesures plus précises de la vitesse de récession des galaxies et du fond diffus cosmologique, de nouveaux résultats qui marquent l'essor de la cosmologie de précision.

Nous savions depuis un moment que les étoiles racontaient leur histoire dans un langage beaucoup plus riche et articulé que nous ne l'avions imaginé. Les télescopes optiques les plus puissants sont donc couplés à de gigantesques paraboles orientées en direction de l'espace le plus lointain, comme des oreilles monstrueuses tendues à l'écoute des signaux radio provenant d'étoiles inconnues ou émis par des galaxies reculées : c'est la radioastronomie. Des familles entières de nouvelles sources sont ainsi découvertes, des objets mystérieux qui émettent des signaux radio caractéristiques et que l'on baptise de noms exotiques tels que *pulsars* ou *quasars*. Il faut toutefois des décennies de recherche pour réaliser que derrière certains de ces phénomènes se cachent de nouveaux états d'agrégation de la matière : la force de gravité tapie au cœur des corps célestes les plus massifs brise la matière en ses composants les plus infimes, produisant les densités monstrueuses des 1 ou des trous noirs.

Depuis que nous savons que le cosmos nous inonde de photons de toutes longueurs d'onde possibles, des dizaines de mètres des ondes radio jusqu'aux distances subatomiques des sursauts gamma les plus puissants, les scientifiques ont construit des appareils de plus en plus sophistiqués, basés au sol ou lancés en orbite terrestre, capables d'enregistrer l'ensemble du spectre des ondes électromagnétiques. Des cartes de plus en plus précises du cosmos et de ses innombrables sources de rayonnement à toutes les fréquences ont été établies. Cette quantité impressionnante de données a permis d'étudier l'univers dans son ensemble comme un système physique à investiguer et de répondre aux questions typiques qui servent à le décrire : quelle est son énergie totale ? Son impulsion, son moment cinétique et sa charge ?

À mesure que les données deviennent de plus en plus précises et que les erreurs de mesure se réduisent, le tableau qui se dessine présente des aspects surprenants. Les résultats laissent en effet penser que l'expansion de l'univers ne s'arrêtera pas : rien n'indique qu'elle invertira sa course pour revenir au Big Crunch. La densité moyenne de l'univers n'est pas suffisante pour dépasser la valeur critique au-delà de laquelle la gravité dominerait. Nous devons donc abandonner l'idée si séduisante d'un univers cyclique et nous retrouvons notre problème : comment expliquer la singularité initiale ?

Alors que nous ne nous y attendions plus, une solution encore plus élégante s'est présentée. L'univers est extrêmement proche d'une condition d'homogénéité et d'isotropie totales. L'incroyable uniformité du fond diffus cosmologique implique que l'univers n'a pas de courbure appréciable. La distribution angulaire de ce rayonnement indique que l'espace suit les lois de la géométrie euclidienne : un rayon lumineux qui traverse une région de l'univers non perturbée par la masse et l'énergie se déplace en ligne droite. C'est ce qu'on appelle un « univers plat », à courbure nulle. Et puisque la distribution de la masse et de l'énergie dans l'univers est intrinsèquement liée à la courbure de l'espace et à sa géométrie, selon les lois établies par la relativité générale, nous arrivons à la conclusion étonnante qu'un univers plat comme le nôtre est un système à énergie totale nulle.

En d'autres termes, l'énergie positive due à la masse et à l'énergie présentes dans l'univers et l'énergie potentielle négative due au champ gravitationnel s'annulent. Si l'on essayait de calculer l'énergie totale du « système univers », il faudrait commencer par transformer en énergie la masse de toutes les étoiles de notre Galaxie et multiplier le résultat par le nombre total de galaxies ; il faudrait ensuite ajouter l'énergie sombre et l'énergie due à la matière noire, dont nous parlerons plus loin ; enfin, il faudrait transformer en énergie toutes les formes de matière et de rayonnement qui errent dans l'univers : le gaz intergalactique et les photons, les neutrinos et les rayons cosmiques, jusqu'aux ondes gravitationnelles. Le résultat final de ce calcul serait un nombre positif gigantesque.

Armons-nous de patience et considérons maintenant la contribution à l'énergie totale attribuable au champ gravitationnel, qui est une contribution négative. La force d'attraction entre deux corps, qu'il s'agisse de la Terre et du Soleil ou de deux galaxies lointaines, produit un système lié, c'est-à-dire que les deux corps restent prisonniers d'un système à énergie potentielle négative ; pour que l'un des deux composants se libère, il est nécessaire de fournir une énergie positive, typiquement de l'énergie cinétique, c'est-à-dire d'accélérer l'un des deux corps jusqu'à ce qu'il atteigne sa vitesse de libération, cette valeur qui lui permet d'atteindre des distances potentiellement infinies, se soustrayant ainsi définitivement à l'attraction gravitationnelle de son partenaire. C'est ce qui se passe lorsque l'on veut lancer un satellite d'exploration depuis la Terre vers les frontières du Système solaire.

Comme la gravité agit sur toute la distribution de la masse et de l'énergie de l'univers, le nombre négatif dérivé de l'ensemble des états liés serait lui aussi énorme.

Il ne nous reste plus qu'à faire la différence entre ces deux nombres monstrueusement grands. Le résultat est stupéfiant : compatible avec zéro. En bref, l'énergie totale du « système univers » est la même que celle du « système vide ».

Il ne peut s'agir d'une pure coïncidence. D'autant plus que quelque chose de similaire se produit pour la charge totale de l'univers, pour son impulsion et son moment angulaire, tous strictement compatibles avec zéro. Pour résumer, l'univers a une énergie nulle, une impulsion nulle, un moment angulaire nul, une charge électrique nulle : autant de caractéristiques qui le font ressembler énormément à l'état de vide. À ce stade, les scientifiques jettent l'éponge : « Si ça ressemble à un canard, si ça nage comme un canard et si ça cancane comme un canard, pour nous, c'est un canard. »

Les données d'observation les plus sophistiquées et les plus complètes recueillies jusqu'à présent indiquent de manière cohérente que le mystère de l'origine de l'univers réside probablement dans l'hypothèse la plus simple qui, entre autres choses, apporte une réponse à la question qui semblait ébranler l'hypothèse du Big Bang. Dans un univers à énergie totale nulle, nous n'avons pas besoin de faire appel à un mécanisme bizarre qui concentrerait dans la singularité initiale d'énormes quantités de matière et d'énergie parce que dans ce point, il y avait une énergie nulle, et le système qui en est issu et que nous appelons « univers » possède toujours une énergie nulle. Le physicien et cosmologiste Alan Guth, l'un des premiers partisans de cette théorie, le définit comme le plus bel exemple d'un énorme « repas gratuit » fourni par le vide quantique.

Que l'univers entier provienne du vide, ou plutôt qu'il soit encore et simplement un état de vide ayant subi une métamorphose, semble donc l'hypothèse la plus convaincante de la cosmologie moderne, ou du moins la plus conforme aux innombrables séries d'observations recueillies jusqu'à présent.

Le vide ou le néant ?

Mais qu'est-ce que le vide ? Nombre d'entre nous l'assimilent au néant. Rien ne pourrait être plus faux. Le néant est un concept philosophique, une abstraction, l'opposé irréductible de l'être, que personne n'a su mieux définir que Parménide : « L'être est, et il n'est pas possible qu'il ne soit pas, le non-être n'est pas, et il est nécessaire qu'il ne soit pas. »

Le néant-vide convoque des peurs ancestrales, comme le cauchemar commun et récurrent d'une chute dans un puits sans fond. La vacuité transmet une connotation négative, dévalorisante : on parle bien d'une âme vide, d'un discours vide. L'association du concept de vide au néant découle également du rapprochement inévitable, pour ceux qui appartiennent à la culture occidentale, entre la théorie cosmologique d'un univers né du vide et le concept judéo-chrétien de la création du monde *ex nihilo*, à partir du néant. En réalité, comme nous le verrons dans un instant, ce sont des concepts presque opposés ; le vide en tant que système physique est, d'une certaine manière, le contraire du néant.

Le concept de vide présente en revanche de nombreuses similitudes avec le zéro. Le terme vient du latin *zephirum*, qui apparaît pour la première fois en Occident en 1202. Dans l'un de ses écrits, le grand mathématicien Leonardo Fibonacci traduit ainsi en latin le chiffre arabe *sifr*, qui signifie « zéro » ou « vide », même si l'équivalent latin fait venir à l'esprit le mythe grec de Zephyros, le vent léger qui annonce le printemps.

En arabe, le sens originel du terme désignant le nombre zéro, introduit par les Indiens qui l'appelaient *sunya*, c'est-à-dire « vide », a été conservé. La même racine se retrouve dans *Śūnyatā*, ou « doctrine de la vacuité », un concept fondamental du bouddhisme tibétain selon lequel tous les corps matériels sont en réalité dépourvus d'une existence propre et indépendante.

Ce sont en effet les Indiens qui introduisent les premiers le concept de zéro-vide. L'expression apparaît pour la première fois dans un ouvrage écrit en sanskrit en 458 après notre ère, intitulé *Lokavibhāga*, ce qui signifie littéralement « les parties de l'univers ». Il est curieux qu'il s'agisse d'un traité de cosmologie ; comme si dès le début, un lien était établi entre le concept de vide et la naissance de l'univers.

Cela n'a pourtant rien de surprenant, si l'on pense au rôle que le vide joue dans la cosmogonie et les mythes de création indiens. Shiva est le dieu à la fois créateur et destructeur de l'univers. Lorsqu'il danse, la Terre tremble et l'univers entier se désagrège, porté à incandescence par le rythme divin. Tout se dissout jusqu'à se concentrer dans le *bindu*, le point métaphysique au-delà de l'espace et du temps dont l'emblème coloré orne le front de nombreuses femmes hindoues. Puis même le point se dissout lentement et tout se disperse dans le vide cosmique. Le cycle reprend lorsque Shiva décide de créer un nouvel univers et se remet à danser. Le rythme divin produit à nouveau des vibrations de plus en plus amples du vide, qui finit par se gonfler de façon spasmodique, donnant naissance à un nouvel univers qui prend sa place dans le cycle sans fin des créations et des destructions.

Cette familiarité des Indiens avec le concept de vide nous permet de mieux comprendre pourquoi ils ont été les premiers à donner au zéro les propriétés d'un nombre à tous les égards. S'inspirant du système positionnel déjà adopté par les Babyloniens, ils en consacrent la gloire définitive.

Ce n'est pas le cas des Grecs, pour qui le zéro et l'infini sont des concepts terribles qui menacent l'ordre établi en défiant la logique. L'idéal de perfection, l'être parménidien, est représenté comme une sphère, toujours égale à elle-même dans l'espace et le temps, et surtout, finie. La finitude est, pour les Grecs, synonyme de perfection, tandis que l'idée même de zéro équivaut à un anathème. Comment le *néant* pourrait-il être *quelque chose*? Ce n'est pas par hasard que le zéro évoque le chaos primordial : c'est le nombre qui, multiplié par n'importe quel autre nombre, annihile sa valeur au lieu de l'augmenter, l'entraînant dans son propre abîme. Les choses ne vont pas mieux quand on essaie de diviser par zéro : on obtient une absurdité logique, l'infini, l'illimité, une grandeur sans forme et sans limites. L'infini, inextricablement lié au zéro, est tout aussi horripilant pour les Grecs. Les concepts qui défient la logique et troublent l'esprit des philosophes sont jugés inappropriés, voire dangereux : ils sont porteurs de désordre.

C'est la raison pour laquelle la culture occidentale a construit une sorte de tabou autour du zéro, qui s'est ensuite étendu au vide. Nous devons nous débarrasser de ce préjugé qui conditionne encore notre façon de penser, afin de comprendre le mécanisme qui conduit un univers à naître du vide.

Le vide dont nous parlons n'est pas un concept philosophique, c'est un système *matériel* particulier, un système dans lequel la matière et l'énergie sont nulles. C'est un état à énergie nulle, mais c'est un système physique comme un autre, qui peut être étudié, mesuré, caractérisé.

Depuis des années, les physiciens réalisent d'innombrables expériences sur le vide. Des appareils expérimentaux sophistiqués sont utilisés pour étudier ses propriétés étranges dans le but de comprendre en détail comment l'état de vide affecte certaines grandeurs caractéristiques des particules élémentaires. Certains espèrent même découvrir dans le vide de nouveaux phénomènes qui, une fois maîtrisés, pourraient déboucher sur de nouvelles technologies.

Le principe d'indétermination qui régit le comportement de tous les systèmes physiques à l'échelle microscopique s'applique également au vide. L'énergie et le temps propre d'un système quelconque, y compris l'état de vide, ne peuvent pas être mesurés *simultanément* avec une précision parfaite : le produit de leurs incertitudes ne peut pas descendre en dessous d'une certaine valeur minimale. Lorsque nous disons que le vide a une énergie nulle, cela signifie que, en effectuant un très grand nombre de mesures, nous obtenons zéro comme valeur moyenne des résultats ; les mesures individuelles donnent des valeurs fluctuantes, positives ou négatives, différentes de zéro, qui se distribuent sur une courbe statistique avec une valeur moyenne nulle. Le principe d'indétermination nous dit que plus l'intervalle de temps dans lequel la mesure est effectuée est petit, plus les fluctuations d'énergie qui en résultent sont importantes.

Cette caractéristique n'a rien à voir avec la perturbation du système qui a lieu pendant la mesure ; il s'agit de quelque chose de plus profond, lié au comportement de la matière à l'échelle microscopique. L'état de vide a une énergie strictement nulle si on l'observe à l'échelle de temps très longs, théoriquement infinis, mais sur des temps très courts, il fluctue comme toutes les choses, en traversant tous ses états possibles, y compris ceux, peu probables, caractérisés par une énergie significativement différente de zéro. En bref, le principe d'indétermination autorise la formation temporaire dans le vide de bulles d'énergie microscopiques, à condition qu'elles disparaissent rapidement. Plus l'énergie impliquée est faible, plus la bulle anormale résistera longtemps.

Ainsi, si nous imaginons le comportement du vide à l'échelle microscopique, nous ne devons pas penser à quelque chose d'ennuyeux, de statique, de toujours identique. Au contraire, la trame subtile du vide bouillonne d'une myriade de fluctuations microscopiques. Celles qui mobilisent davantage d'énergie rentrent rapidement dans les rangs, mais si l'énergie empruntée est nulle, elles peuvent durer éternellement.

Le tableau se complique ultérieurement lorsqu'on considère la présence de matière et d'antimatière. Les fluctuations quantiques du vide peuvent prendre la forme d'une génération spontanée de couples particule/antiparticule. Le vide peut donc être considéré comme un réservoir inépuisable de matière et d'antimatière. On peut profiter de l'incertitude due au principe d'indétermination et prélever un électron au vide ; si on le remet immédiatement à sa place, personne ne s'en aperçoit. Il suffit d'être suffisamment rapide. L'opération équivaut à prélever en même temps un électron et un positron. Ici, il faut se montrer très prudent, car la règle de la conservation de la charge n'admet pas d'exceptions, elle est beaucoup plus rigide que celle de la conservation de l'énergie. Je ne peux pas prélever seulement un électron, car je modifierais les caractéristiques de l'ensemble de l'état de vide, dont la charge deviendrait positive. Je dois donc toujours prélever aussi un positron, l'électron positif, pour que la balance des charges du système reste équilibrée. Pour faire court, il suffit d'extraire du vide des quantités égales de matière et d'antimatière, et le vide ne proteste pas. Reste le problème de l'énergie de la paire particule/antiparticule : plus la masse de la paire est petite, plus la durée de leur « permission » est longue. À la fin de la récréation, le principe d'indétermination sonne la cloche et les deux « écoliers » regagnent sagement leurs classes.

Ce mécanisme n'est pas un principe physique abstrait, mais un processus matériel qui se vérifie quotidiennement dans les accélérateurs de particules. En percutant le vide avec l'énergie des faisceaux en collision, on obtient de nouvelles particules, d'autant plus massives que l'énergie dégagée par la collision est élevée. De grandes quantités de particules sont ainsi extraites du vide pour les usages les plus divers, des isotopes radioactifs utilisés comme traceurs en médecine nucléaire aux bosons de Higgs produits dans le LHC.

Le vide est une chose vivante, une substance dynamique en perpétuel changement, porteuse de potentialités, pleine de contraires. Bien loin de ressembler au néant, c'est un système débordant de quantités illimitées de matière et d'antimatière. À certains égards, le vide ressemble vraiment au chiffre zéro tel que le pensaient les mathématiciens indiens. Le zéro n'est pas un non-nombre, il contient l'ensemble infini des nombres positifs et négatifs, organisés en paires symétriques de signes opposés, à somme nulle. L'analogie pourrait s'étendre au silence, entendu comme la superposition de tous les sons possibles qui s'annulent lorsqu'ils s'additionnent en opposition de phase, ou à l'obscurité qui peut naître de l'interférence destructive d'ondes lumineuses.

L'hypothèse selon laquelle tout pourrait avoir pour origine une fluctuation quantique du vide se présente de manière naturelle lorsque l'on considère que, dans notre univers, l'énergie négative due au champ gravitationnel annule exactement l'énergie positive liée à la masse. Un univers présentant ces caractéristiques peut naître d'une simple fluctuation et les lois de la mécanique quantique nous disent qu'il peut durer éternellement. L'univers à énergie totale nulle est une variante importante de la théorie traditionnelle du Big Bang, qui rend superflue la présence d'une singularité initiale.

Vide et chaos

D'une certaine manière, la science du XXIe siècle remet d'actualité le récit d'Hésiode, la *Théogonie*, qui expose l'origine de tout en un unique vers splendide et fulgurant : « Au commencement était le chaos ». Une affirmation parfaitement conforme à la narration scientifique, à condition de ne pas retenir l'acception la plus courante et la plus répandue du terme, qui interprète le chaos comme désordre, ensemble indifférencié. Il convient de rétablir le sens originel du mot, à rapprocher du grec *chaino*, « ouvrir en grand », *chasko*, « rester la bouche ouverte », ou *chasma*, « gouffre ». Le chaos devient alors une gorge noire et béante, un abîme sans fond, un tourbillon ténébreux, le vide énorme capable d'avaler et de contenir toute chose.

Le sens originel du mot « chaos » s'est maintenu pendant très longtemps et ce n'est que beaucoup plus tard que le terme a été associé au concept de désordre, d'abord chez Anaxagore, puis chez Platon. Avec eux, le chaos devient le réceptacle de la matière informe qui attend d'être ordonnée par un principe supérieur. Ce sera l'Esprit, ou le Démiurge, qui donnera forme à cette matière vile et grossière et qui construira le *cosmos*, ce système organisé et parfait qui régit et gouverne tout. Cette idée a résisté aux millénaires.

Le chaos initial, entendu comme le vide, est tout sauf désordre. Il n'existe pas de système plus rigidement ordonné, régulé et symétrique que le vide. Tout y est strictement codifié, chaque particule matérielle va de pair avec son antiparticule, chaque fluctuation observe avec discipline les contraintes du principe d'indétermination, tout bouge selon un rythme cadencé et bien tempéré, une chorégraphie parfaite, sans improvisation ni virtuosité.

Mais il arrive que ce mécanisme parfait s'enraye. Quelque chose d'étrange fait irruption et occupe soudain le centre de la scène ; cette déviation imprévue déclenche d'un coup le processus qui produira à la fois un espace-temps qui se dilate et la masse et l'énergie qui le courbent.

L'ordre extrême qui régit le tout se brise en une fraction de seconde, et la minuscule fluctuation quantique enfle hors de toute proportion, sous l'effet d'un processus que nous appelons l'« inflation cosmique ». De nombreux détails du phénomène nous échappent encore, à commencer par l'identité de la particule matérielle, l'*inflaton*, qui, extraite du vide par un mécanisme purement aléatoire, a déclenché la merveilleuse sarabande que nous étudierons dans le chapitre suivant.

Le premier jour

Un souffle irrépressible produit la première merveille

Tout se passe très vite. L'instant d'avant, cette structure microscopique qui bouillonnait et s'agitait exactement comme les autres autour d'elle, semblait complètement insignifiante.

À mieux y regarder, vous distinguez toutefois une mousse très fine. Les myriades d'infimes fluctuations qui la composent évoquent le liquide primordial des récits mythologiques : *aphros*, « écume » en grec, qui donne son nom à Aphrodite, née du sang et du sperme d'Ouranos. Pour venger sa mère Gaïa, Cronos tranche en effet les testicules de son père avec une faucille et les jette à la mer. Dans les remous des eaux habituellement placides de Chypre se produit alors l'événement miraculeux.

De l'écume quantique naîtra quelque chose d'encore plus étonnant que la déesse de l'amour et de la beauté : un univers entier. Mais personne ne peut encore imaginer ce qui est sur le point d'advenir. Seulement 10^{-35} seconde s'est écoulée depuis la formation de cette mousse, un intervalle de temps tellement court que nous ne pouvons même pas nous le représenter. Nous nous attendons tous à ce que cette petite bulle qui a attiré notre attention rentre dans le rang, disciplinée, comme toutes les autres. Au lieu de cela, un souffle incontrôlable survient et la fait croître jusqu'à la démesure. L'objet infinitésimal, qui fluctuait de manière calme et ordonnée selon le cérémonial rigide du principe d'indétermination, se gonfle soudain de manière paroxystique. La folie qui l'envahit se communique au vide qui l'entoure et l'entraîne inexorablement dans le même mécanisme. Tout est advenu si vite qu'il faudrait revoir la scène au ralenti pour comprendre exactement ce qui s'est passé. Mais aucun instrument ne peut prendre des images à une vitesse suffisante pour capter les détails d'une métamorphose aussi rapide.

Puis, sans prévenir, tout se calme. L'étrange chose qui semble maintenant avoir une vie propre continue son expansion, bien qu'à un rythme extrêmement réduit.

Nous venons d'assister à la naissance d'un univers, notre univers. Le premier jour se termine, et un univers qui contient déjà tout ce dont il aura besoin pour évoluer au cours des 13,8 milliards d'années suivantes a surgi. Il ne s'est écoulé que 10^{-32} seconde.

Un étrange champ primordial

L'univers commence donc par une minuscule fluctuation du vide qui, au cours de son expansion, se remplit d'une substance étrange qui la fait gonfler hors de toute proportion.

C'est Alan Guth qui propose le premier la théorie qui bouleverse la cosmologie moderne. Après avoir obtenu son doctorat au MIT, ce jeune physicien de 32 ans cherche un emploi dans une université américaine. Il est invité à tenir un séminaire à Cornell, l'une des huit prestigieuses universités de l'Ivy League, et c'est là, en 1979, qu'il présente son idée révolutionnaire.

Comme nous l'avons vu, la théorie traditionnelle du Big Bang, bien que largement confirmée par les observations, laissait de côté trop de problèmes non résolus. Le premier squelette de l'armoire était l'origine de la *singularité* à partir de laquelle tout avait commencé. Le mécanisme de sa formation n'était pas clair, puisque l'hypothèse d'un Big Crunch avait été exclue. Dans les années 1980, on sait en effet qu'il n'y a pas assez de matière dans l'univers pour dépasser la densité critique qui pourrait déclencher une grande implosion. On pense donc que l'échappement des galaxies décélérera lentement sous l'effet de la gravité, mais sans déclencher un effondrement gravitationnel catastrophique. En bref, il reste à expliquer comment le Big Bang s'est produit.

Dans l'objet de taille insignifiante que des mécanismes purement aléatoires pourraient produire, c'est la gravité, une force attractive, qui mène la danse. Pour susciter une expansion et déclencher le Big Bang, il faudrait une répulsion gravitationnelle très forte, une *anti-gravité* : quelque chose de similaire à la constante cosmologique introduite par Einstein dans son équation pour rendre statique son modèle de l'univers, mais terriblement plus puissante.

La matière commune, la masse et l'énergie produisent une énergie négative du vide, qui génère une pression positive, tendant par conséquent à écraser, à contenir l'ensemble.

Si, par contre, une substance totalement nouvelle entre en jeu, une substance qui produit une énergie positive, la pression qui en résulte est négative, c'est-à-dire qu'elle pousse vers l'extérieur et provoque une expansion.

L'incroyable homogénéité de l'univers observable était une deuxième énigme à résoudre. Des galaxies de toutes formes nous entourent, certaines placides et tranquilles, d'autres tourmentées par les activités pyrotechniques des supernovas, des étoiles à neutrons et des trous noirs. Cependant, aussi merveilleux soit-il, le paysage cosmique se répète : lorsqu'on observe de vastes régions, les objets qui peuplent les coins les plus reculés de l'univers sont très similaires. Cela me fait penser au sentiment de désorientation qui m'envahit lorsqu'à peine débarqué dans un quelconque aéroport d'un autre continent, Kuala Lumpur ou Sydney, je me retrouve à arpenter des boutiques qui exposent dans leurs vitrines des vêtements, des valises ou des téléphones identiques à ceux que j'ai laissés derrière moi à Rome ou à Paris. Évidemment, il existe une explication évidente à ce phénomène, qui est liée aux grandes chaînes de distribution du monde globalisé. Or, jusqu'aux années 1990, nous n'avions aucune idée des mécanismes qui sous-tendent l'incroyable homogénéité des observations astronomiques.

Le mystère s'épaississait au fil des observations. Alors que les télescopes devenaient de plus en plus puissants et que des portions de l'univers jusqu'alors inaccessibles s'ouvraient à nous, nous continuions à voir des choses extrêmement semblables à tout ce que nous connaissions déjà : des galaxies et des amas de galaxies qui ressemblaient comme deux gouttes d'eau à celles et ceux que nous venions de cataloguer.

L'uniformité de la température du fond diffus cosmologique était encore plus étonnante. Dans toutes les directions du ciel, le résultat était toujours le même : 2,72 kelvins, juste au-dessus du zéro absolu.

Comment était-il possible que les endroits les plus éloignés de l'univers, distants de milliards d'années-lumière, se soient mis d'accord pour avoir exactement la même température au moment où les scientifiques d'une minuscule planète d'un système solaire anonyme dans une galaxie anodine décidaient de jeter un coup d'œil à ce qui se passait autour d'eux ? Les distances entre les régions de l'univers observées étaient trop grandes pour imaginer un quelconque mécanisme qui aurait pu expliquer ce phénomène.

Pour tenter de trouver une réponse, Guth a alors imaginé ce qui se passerait si, au cours de l'expansion de la bulle primordiale, le minuscule volume était occupé par une énergie du vide positive, similaire à celle envisagée pour la constante cosmologique. Le candidat qui lui semblait le plus prometteur est le boson de Higgs, une particule dont on parlait beaucoup à l'époque pour expliquer l'origine des masses des particules élémentaires.

Le boson de Higgs est une particule neutre et scalaire, c'est-à-dire qu'il a un *spin* nul : en d'autres termes, il ne tourne pas sur lui-même, comme le font toutes les autres particules élémentaires. Le champ de Higgs fournit effectivement au vide une énergie positive, mais si le volume en question devait se dilater rapidement, la densité d'énergie chuterait tout aussi rapidement et ne pourrait fournir aucune sorte d'impulsion. Pour maintenir une densité constante dans un volume qui augmente rapidement, l'énergie totale devrait augmenter à son tour, ce qui violerait le principe de conservation de l'énergie.

Mais si un contretemps intervenait dans la chute brutale de l'énergie ? Si, pour une raison quelconque, sa course vers le potentiel du point zéro, celui du vide, s'arrêtait un instant, que se passerait-il ?

La réponse de Guth à cette question a changé, une fois de plus, la façon dont nous concevons l'origine de l'univers.

Une expansion irrésistible

Le mécanisme fait intervenir un champ scalaire qui confère au vide une énergie potentielle positive et qui, au cours de son évolution, se bloque pendant une fraction de seconde dans un état de faux vide, un fléchissement du potentiel de valeur constante et non nulle.

Imaginez un skieur novice qui descend lentement une pente facile, mais qui s'arrête parce qu'il rencontre sur sa trajectoire une cuvette assez profonde. Pendant un moment, il restera coincé dans cette dépression et devra se servir de ses bâtons pour rejoindre la crête. Il se peut qu'il tombe ; il lui faudra alors regagner le terrain perdu. Une fois cette petite pente négative gravie, il reprendra sa descente et atteindra rapidement le fond de la vallée.

Si le champ scalaire fait comme le skieur, c'est-à-dire qu'il s'attarde ne serait-ce qu'un instant dans la cuvette, un phénomène d'une violence disproportionnée se déclenche. En raison de l'énergie positive du vide, la bulle subit une poussée qui augmente son volume. Le champ étant bloqué dans la dépression, la densité d'énergie reste constante et, comme le volume augmente, l'énergie positive qui y est emmagasinée augmente aussi, ainsi que l'impulsion vers la dilatation.

Au lieu de retirer de l'énergie à l'espace, le mouvement d'expansion lui en injecte. Plus la bulle grossit, plus la poussée vers l'expansion augmente. C'est la dynamique typique de la croissance exponentielle, qui a dans ce cas une explication très convaincante. Grâce à l'énergie excédentaire, la bulle extrait du vide d'autres particules scalaires qui viennent remplir son volume, ce qui augmente encore la poussée. Bloqué dans la cuvette, le champ remplit l'espace d'une substance qui exerce une énorme pression, non pas positive comme celle de la matière et de l'énergie, mais négative comme l'énergie du vide introduite par Einstein avec sa constante cosmologique.

Le grand scientifique n'avait besoin que d'une force répulsive relativement faible pour contrebalancer la force d'attraction fournie par la masse et l'énergie, et son énergie du vide était constante : le champ restait cristallisé éternellement, comme Blanche-Neige dans son cercueil de verre.

Le champ primordial dont Guth fait l'hypothèse possède en revanche une forte dynamique ; comme dans le conte de fées, le baiser du prince interrompt le sommeil de la jeune femme, mais seulement pour un très bref instant, ici. Il libère ainsi un sort incroyable. Ce réveil furtif, qui bloque le champ dans le faux vide pendant une fraction de seconde, produit une force répulsive extrêmement variable dans le temps. Elle est monstrueuse pendant la période où le champ est bloqué et chute rapidement dès qu'il sort de l'état de faux vide. L'anti-gravité d'Alan Guth, qui déchaîne la furieuse expansion à l'origine de l'univers, est supérieure de cent ordres de grandeur à la constante cosmologique. C'est cette extraordinaire pression négative qui a tout dilaté à une vitesse effroyable. C'est de là que vient le Big Bang.

Dans un intervalle de temps minuscule, l'inimaginable se produit. Cet objet infinitésimal, des milliards de fois plus petit qu'un proton, subit une croissance exponentielle qui se poursuit à un rythme effréné, éclipsant les crescendos rossiniens les plus frénétiques. En un instant, il devient un objet macroscopique. Lorsqu'il émerge de cette phase paroxystique, il a la taille d'un ballon de football et contient déjà toute la matière et l'énergie dont il aura besoin pour évoluer au cours des milliards d'années à venir. En une fraction de temps ridicule, cet objet insignifiant a grandi de dizaines d'ordres de grandeur, se dilatant à une vitesse bien supérieure à celle de la lumière, *c*. Les limites imposées par la relativité – rien ne peut se déplacer plus vite que *c* – s'appliquent aux objets qui se déplacent *dans* l'espace. Elles ne valent pas pour l'espace lui-même, qui se dilate dans le vide ou, pour être plus précis, transforme le vide en espace. Aucune limite de vitesse ne freine l'univers enfant qui court vers son futur.

Bientôt, d'autres fluctuations quantiques, similaires à celles qui l'ont généré, le libéreront de sa cuvette et le ramèneront dans le droit chemin, le précipitant vers l'état de vide véritable, qu'il atteint en un instant. Depuis le temps zéro, il s'est écoulé seulement 10^{-32} seconde. Mais tout a changé.

Dès que cette phase est terminée, alors que le champ oscille placidement dans sa cuvette de minimum local du potentiel, l'énergie accumulée dans l'objet qui a subi une transformation aussi explosive se transforme en une énorme quantité de matière/antimatière ; les paires de particules et leurs partenaires respectifs, extraits en abondance du vide, interagissent entre eux et avec le champ jusqu'à ce que l'ensemble atteigne une condition d'équilibre thermique.

L'univers nouveau-né contient désormais toute la matière et l'énergie d'aujourd'hui, bien que concentrées dans un petit volume ; la densité et la température sont très élevées et une deuxième phase d'expansion commence, qui, même si elle est rapide, se déroule à un rythme beaucoup moins effréné que la première.

Alan Guth a ouvert l'outre en peau de bœuf qu'Éole avait donnée à Ulysse et qui contenait les mauvais vents contrariant son retour à Ithaque. Comme les compagnons d'Ulysse, il a délié la tresse d'argent qui la fermait et libéré le plus puissant des souffles. L'enfer s'est déchaîné.

Pour donner un nom à ce nouveau phénomène, Guth a introduit dans le lexique cosmique le terme d'« inflation », dérivé du latin *inflare*, gonfler, déjà utilisé en économie pour décrire une hausse des prix, avec les connotations négatives qu'on connaît. Il suffit de penser aux épisodes dramatiques d'inflation galopante en Allemagne après la fin de la Première Guerre mondiale. La hausse des prix entraînait d'autres augmentations dans une spirale infernale. Dès qu'ils recevaient leur salaire, les travailleurs couraient au marché le dépenser dans son intégralité, car déjà le lendemain, ils n'auraient pu acheter que la moitié des produits ; en l'espace d'une semaine, leur salaire n'était plus que du papier bon à allumer le feu. Les vendeurs, prisonniers du même mécanisme, ajustaient continuellement les prix de leurs marchandises. En janvier 1923, un kilogramme de pain coûtait 250 marks ; en décembre, le kilogramme avait atteint le chiffre astronomique de 400 milliards de marks. Ce sont les absurdités de la croissance exponentielle.

Le succès de la théorie de l'inflation

L'hypothèse selon laquelle l'univers serait passé par une phase d'inflation cosmique fait toujours l'objet d'un vif débat parmi les scientifiques, même si une grande majorité considère aujourd'hui qu'il s'agit de la théorie la plus convaincante.

L'un de ses points forts est qu'elle fournit une explication naturelle et efficace au principe cosmologique, c'est-à-dire à l'extrême homogénéité de l'univers à grande échelle.

À première vue, cette caractéristique semble tout à fait contre-intuitive. Il suffit de lever les yeux vers le Soleil, la Lune, les planètes et les étoiles pour en retirer l'impression d'une extrême variété de structures dans le cosmos. En réalité, c'est l'un des nombreux préjugés dont nous sommes prisonniers, tout simplement parce que nous avons un point de vue très limité et une vision qui ne nous permet pas d'embrasser les grandes distances.

Mais si nous utilisons les outils d'exploration les plus modernes et élargissons notre horizon jusqu'à englober l'ensemble du cosmos, ces différences « locales » deviennent des détails insignifiants. Des expériences récentes ont répertorié 200 000 galaxies pour conclure que, sur des ordres de grandeur de centaines de millions d'années-lumière, les structures rencontrées sont toujours très similaires, presque identiques. En somme, notre univers, merveilleux et varié à l'échelle locale, devient assez monotone, pour ne pas dire ennuyeux, lorsqu'on l'envisage dans sa globalité.

L'homogénéité devient encore plus stricte si l'on examine la distribution de sa température. Dès les années 1970, les scientifiques projettent des instruments satellitaires pour étudier en détail le rayonnement de fond cosmique. En s'affranchissant des perturbations dues à l'atmosphère terrestre, il est en effet possible d'effectuer des mesures beaucoup plus précises, et surtout à toutes les longueurs d'onde. Vingt ans ont toutefois été nécessaires pour obtenir les premiers résultats qui ont confirmé de façon éclatante, au début des années 1990, les prédictions de la théorie de l'inflation cosmique. L'homogénéité et l'isotropie de l'univers sont impressionnantes. La distribution des températures reproduit parfaitement celle prédite par la théorie : l'univers se comporte comme un gigantesque four à micro-ondes, qui a cessé de chauffer dans un passé lointain et s'est depuis refroidi uniformément au fur et à mesure de son expansion. Des régions séparées par des milliards d'années-lumière ont exactement la même température, mesurée avec une précision absurde : 2,72548 degrés au-dessus du zéro absolu. Le rayonnement est isotrope, c'est-à-dire qu'il présente les mêmes caractéristiques dans toutes les directions, avec des écarts de moins d'une partie sur 100 000.

Quel mécanisme a permis des échanges d'énergie entre des zones aussi éloignées au point de tout thermaliser avec une pareille uniformité ? Il ne peut s'agir de la lumière, car l'univers était déjà énorme, environ 100 millions d'années-lumière, lorsqu'elle est apparue. Les distances étaient trop grandes pour que la lumière puisse corriger les différences de température. À cette époque, les parties les plus éloignées de l'univers s'étaient déjà accordées et se trouvaient à la même température à des millions d'années-lumière de distance.

Seule l'inflation cosmique nous permet de comprendre comment cela a pu se produire. Les autres mécanismes proposés sont peu plausibles.

Avant l'inflation, dans la minuscule bulle aux prises avec les contraintes de la mécanique quantique, toutes les parties étaient en contact les unes avec les autres, comme le point des *Cosmicomics* de Calvino. Comme elles pouvaient échanger des informations, elles avaient toutes les mêmes propriétés, et en particulier la même température. L'expansion inflationnaire propage cette homogénéité à l'échelle cosmique et en fait une propriété générale de l'univers. Dans le même temps, elle amplifie aussi jusqu'à la démesure les fluctuations quantiques infinitésimales présentes au sein de la bulle primordiale. Avec la dilatation de l'espace, les petites perturbations continuent à croître jusqu'à atteindre l'échelle des amas de galaxies. Étendues au niveau cosmique, ces minuscules ondulations d'énergie deviennent un fin filet qui enveloppe tout et dont les nœuds agissent comme des germes produisant de nouvelles agrégations de matière. Ces variations de densité provoquent la condensation de filaments de matière noire et attirent les gaz et les poussières, autour desquels naissent les premières étoiles et se forment les premières galaxies.

De cette relation incandescente, à la fois rigidement déterminée et chaotique, entre les distances sidérales du cosmos et le monde infinitésimal de la mécanique quantique, émergent les structures matérielles qui créent dynamique et beauté. Un monde sans fluctuations n'aurait pas produit d'étoiles, de galaxies ou de planètes ; dans un univers parfait, il n'y aurait pas de vent printanier ni de jeunes gens souriants. Nous sommes tous issus de cette anomalie que nous appelons « inflation » et qui a conduit l'écume quantique à acquérir des dimensions cosmiques.

Lorsque les instruments les plus sophistiqués montés sur satellite démontreront que la distribution des isotropies est exactement celle prédite par les modèles inflationnaires, même les détracteurs les plus acharnés de la nouvelle théorie devront admettre son pouvoir prédictif.

Il restait toutefois un problème majeur, qui risquait de créer une nouvelle crise et de faire crouler ce bel édifice comme un château de cartes. L'inflation implique en effet nécessairement un univers à courbure locale nulle, c'est-à-dire plat. La courbure de l'espace-temps dépend de sa densité, c'est-à-dire de son contenu en matière et en énergie. Pour des densités exactement égales à la densité critique, l'univers est plat, sa courbure locale est nulle comme celle d'une surface plane, ce qui signifie que l'expansion se poursuit indéfiniment. À des densités supérieures, l'univers se ferme, sa courbure locale devient positive comme celle d'une sphère, l'expansion diminue et le Big Bang s'inverse en un Big Crunch. À des densités inférieures, la courbure locale est négative, comme celle d'une selle d'équitation, et dans ce cas également, l'expansion se poursuit indéfiniment.

Si l'inflation a réellement eu lieu, l'univers ne peut être que plat ; les dimensions initiales de la bulle microscopique auraient été *étirées* et *aplaties* par l'expansion furieuse des premiers instants, et seul un univers primordial à la courbure exactement nulle peut rester plat après des milliards d'années. Tout écart initial par rapport à cette condition aurait été démesurément amplifié par l'expansion ultérieure.

Autrement dit, l'un des tests les plus importants de la théorie de l'inflation pouvait être obtenu en mesurant la courbure locale de l'univers ou sa densité de matière et d'énergie. Et c'est là que les problèmes sont apparus.

La courbure locale de l'espace-temps peut elle aussi être déduite du rayonnement fossile ou fond diffus cosmologique. Il suffit de mesurer le diamètre angulaire des minuscules inhomogénéités de température, des différences de quelques centaines de millièmes de degré entre une région du ciel et une autre, le résultat des fluctuations statistiques primordiales. Les données expérimentales reproduisent impeccablement les prédictions de la théorie de l'inflation cosmique, car elles disent que l'univers est plat. Mais ce résultat ne concorde pas avec les mesures de la densité d'énergie de l'univers qui, jusqu'au début des années 1990, semblaient indiquer que l'univers était ouvert, c'est-à-dire qu'il présentait une courbure en forme de selle.

Cette divergence a été pendant plusieurs années le point faible de la théorie de l'inflation cosmique pour tous ses détracteurs. La théorie devait être abandonnée, car elle impliquait nécessairement que la densité de l'univers soit égale à la densité critique, alors que les observations les plus précises jusqu'au milieu des années 1990 indiquaient qu'elle n'arrivait même pas au tiers.

La découverte de l'énergie sombre, en 1998, a permis de sortir de l'impasse. Des observations établissent que la vitesse de fuite des galaxies les plus lointaines augmente avec le temps, ce qui implique d'accepter l'existence d'une nouvelle forme d'énergie remplissant uniformément tout l'espace et contribuant pour deux tiers à la masse totale de l'univers. À partir de là, tout cadre : la densité d'énergie de l'univers atteint la valeur critique et on comprend pourquoi la géométrie de l'univers est plate. C'est une confirmation supplémentaire de la validité de l'hypothèse inflationnaire.

À la recherche de l'arme du crime

Malgré le succès de la théorie et les nombreuses confirmations expérimentales, un groupe restreint, mais tenace, de détracteurs s'oppose toujours fermement à l'hypothèse de l'inflation. C'est une dynamique normale, typique de la méthode et de la déontologie scientifique : tout passer au crible de la critique, douter en permanence, chercher les faiblesses, évaluer les hypothèses alternatives.

Il faut effectivement reconnaître que la théorie présente un talon d'Achille. Si l'inflation naît bien d'un champ scalaire qui émerge du vide avec son potentiel instable et déclenche l'expansion, jusqu'à présent, personne n'a trouvé de traces indubitables de l'*inflaton*, la particule associée à ce champ. Le jour où cela se produira, toute contestation deviendra impossible ; ce serait comme trouver « l'arme du crime » de l'inflation. Mais cela ne s'est pas encore produit et la chasse à l'inflaton se poursuit.

Alan Guth a commencé par supposer que le boson de Higgs pourrait être le fameux déclencheur. À l'époque, la fantomatique particule n'était qu'une hypothèse, la pierre angulaire d'une théorie qui aurait très bien pu se révéler une conjecture arbitraire, comme beaucoup d'autres. De plus, celle-ci ne prévoyait pas de valeurs précises pour la masse du boson ainsi que d'autres caractéristiques connexes. Avec le boson de Higgs comme inflaton, il était facile d'expliquer comment l'inflation démarrait, mais beaucoup plus compliqué de trouver un mécanisme pour l'arrêter.

Guth lui-même et d'autres scientifiques ont rapidement développé des modèles alternatifs dans lesquels différents champs scalaires déclenchent le même mécanisme. Le rôle du potentiel bloqué – dans l'hypothèse du boson de Higgs, un état de faux vide – pourrait être joué par un potentiel faiblement variable, diminuant lentement au fur et à mesure de l'expansion de la bulle primordiale. Des familles entières de modèles inflationnaires différents ont vu le jour, dont les caractéristiques dépendent essentiellement des hypothèses faites sur l'inflaton.

Certains vont même jusqu'à théoriser des modèles d'*inflation éternelle*. Ceux-ci partent de l'idée selon laquelle les fluctuations quantiques du champ scalaire déclencheraient le paroxysme inflationnaire à partir d'une minuscule portion du champ (et donneraient ainsi naissance à un univers qui commencerait son évolution). À partir du reste de la matière ayant survécu à la périphérie du champ scalaire, d'autres univers pourraient se développer, dans un mécanisme d'inflation éternelle qui produirait les myriades d'univers des théories modernes du *multivers*.

Ce n'est qu'avec la découverte de l'inflaton qu'il sera possible, d'une part, de confirmer de manière irréfutable la justesse de la théorie et, d'autre part, de discriminer entre les différents modèles proposés.

Lorsque le boson de Higgs a été découvert au CERN en 2012, après une traque de presque 50 ans, et que toutes ses caractéristiques, y compris sa masse, ont été mesurées, le débat sur son rôle éventuel dans la phase inflationnaire a immédiatement été relancé.

Le nouveau venu est la première particule élémentaire scalaire observée et certains cosmologistes pensent encore aujourd'hui qu'il pourrait s'agir de l'inflaton. D'autres considèrent qu'il est trop lourd et recherchent une particule similaire, mais plus légère, qui pourrait apparaître dans certaines désintégrations rares produites par les collisions dans le LHC, ou bien encore un autre scalaire, un proche parent avec lequel il pourrait avoir partagé l'effort primordial de donner naissance à un univers entier.

Les opinions sur ce point sont contradictoires et la solution ne pourra venir que d'une nouvelle campagne d'études expérimentales.

Dans les prochaines années, nous devrions obtenir des mesures beaucoup plus précises du fond diffus cosmologique, capables de reconstruire clairement les traces évanescentes laissées par l'inflation. Avec la récente découverte des ondes gravitationnelles, on espère même porter la sensibilité des nouveaux instruments à un niveau permettant d'identifier les ondes gravitationnelles fossiles, ces imperceptibles fluctuations de l'espace-temps qui peuvent nous renseigner en direct sur ce qui s'est passé pendant la phase de croissance inflationnaire.

À moins que nous n'ayons la surprise de découvrir, grâce aux expériences menées au LHC, un nouveau scalaire possédant toutes les caractéristiques du suspect numéro un.

L'âge d'or de la Grande Unification

L'inflation n'est pas le premier acte de la pièce, mais c'est certainement l'un des plus spectaculaires. Nous ne pouvons pas décrire ce qui s'est passé dans les très brefs instants qui ont précédé, mais nous savons que des choses importantes se sont produites. Un mur insurmontable nous empêche toutefois de comprendre.

Nous ne pouvons que spéculer, comme les prisonniers de l'allégorie de la caverne de Platon. Enchaînés depuis l'enfance, les jambes et le cou bloqués par des entraves, privés de toute expérience du monde extérieur, ils ne perçoivent pas directement ce qui se passe hors de la caverne. C'est pourquoi ils construisent leur vision du monde à partir des ombres qui apparaissent sur le mur. Les scientifiques font quelque chose de similaire pour essayer de deviner ce qui a pu se passer avant l'inflation. Nous voyons des ombres et tentons d'imaginer.

De façon concrète, nous effectuons des mesures précises à l'échelle de l'énergie que nous pouvons explorer directement grâce aux accélérateurs de particules ou en étudiant les phénomènes les plus énergétiques qui se produisent dans le cosmos. Nous extrapolons ensuite ces résultats à l'échelle d'énergies que nous ne sommes pas en mesure d'étudier directement et développons des conjectures cohérentes avec toutes les observations recueillies.

Nous parlons de la phase initiale de la vie de l'univers, dont la durée incroyablement courte est celle du temps de Planck, 10^{-43} seconde, auquel correspondrait une taille de l'univers de 10^{-33} centimètre. À ces échelles, l'espace n'est ni lisse ni inerte, mais bouillonnant de particules virtuelles qui apparaissent et disparaissent à un rythme infernal. Il en émane une effervescence quantique débridée, un espace tumultueux et chaotique rempli d'aspérités et d'inhomogénéité. Dans ces dimensions, l'écume quantique bouillonne spasmodiquement et fluctue en permanence. La courbure et la topologie de cette région ne peuvent être décrites qu'en termes probabilistes.

Aucune des théories physiques actuelles n'est en mesure de décrire correctement ce qui s'est passé à l'ère de Planck et les différentes hypothèses débouchent sur des prédictions différentes. Au-delà du mur qui bloque notre vue se cachent les secrets de la gravité quantique, la chimère que des générations de physiciens poursuivent depuis des décennies. Cette région insignifiante regorge peut-être de minuscules *cordes* oscillantes évoluant dans 10 ou 26 dimensions ; ou bien l'espace pourrait avoir une structure discrète organisée en *boucles* infinitésimales. Il est aussi possible que les stratagèmes déployés par la nature pour quantifier la gravité dépassent tout ce que l'imagination humaine a pu envisager jusqu'à présent.

Personne n'est encore parvenu ne serait-ce qu'à entrevoir ces moments les plus proches de l'instant initial, ni à explorer des distances aussi infimes. Nous ne pouvons qu'émettre des suppositions raisonnables sur les phénomènes qui ont prévalu dans cet intervalle de temps que nous envisageons comme l'ère de la Grande Unification. Les forces fondamentales sont unifiées en un seul champ : une unique superforce primordiale régit l'insignifiante portion d'écume qui deviendra notre univers.

Le monde dans lequel nous vivons garde sa cohésion grâce à des forces que nous pouvons classer par ordre décroissant d'intensité. La première sur la liste est l'interaction nucléaire forte (ou force forte), qui lie les quarks pour former des protons et des neutrons et organise à partir d'eux les noyaux des différents éléments. C'est de là que provient l'énergie libérée par les armes nucléaires ou celle qui permet aux étoiles de brûler. L'interaction nucléaire faible (ou force faible) est plus timide et beaucoup moins voyante. Elle n'agit que sur des distances subnucléaires et occupe rarement le devant de la scène. Elle apparaît dans certaines désintégrations radioactives, apparemment insignifiantes, mais en réalité vitales pour la dynamique de l'univers. La force électromagnétique maintient ensemble les atomes et les molécules, et ses lois régissent la propagation de la lumière. La force gravitationnelle est de loin la plus faible des quatre interactions fondamentales, bien qu'elle soit beaucoup plus connue que les autres. Elle agit dès que se présente une masse ou une énergie ; imprégnant le cosmos tout entier, elle régule le mouvement des plus petits astéroïdes du Système solaire jusqu'aux gigantesques amas de galaxies.

Aujourd'hui, dans l'univers vieux et froid que nous habitons, ces forces agissent séparément et ont des intensités et des champs d'action différents. Mais nous avons vérifié au cours d'innombrables expériences que cet équilibre varie avec la densité d'énergie. Au fur et à mesure que celle-ci augmente, un principe de justice et d'égalité semble s'instaurer : « Les forts seront moins forts et les faibles, moins faibles ». La force forte diminue en intensité, tout comme la force électromagnétique. Au contraire, l'intensité de la force faible augmente à tel point qu'il est possible de prédire où les trois courbes convergeront : l'énergie à laquelle elles fusionneront en une seule force.

La gravité demeure un peu en dehors de tout cela : elle est si faible que nous ne réussissons pas à mesurer les variations de son intensité aux échelles d'énergie explorées jusqu'à présent, mais il est logique de l'inclure dans notre conjecture.

Nous appelons « ère de Planck » cette période primordiale de l'évolution de l'univers, dominée par une superforce unifiant les quatre forces fondamentales. C'est une sorte d'âge d'or, de temps béni où hommes et dieux vivaient ensemble, partageant amours et jalousies.

Dans l'univers minuscule et brûlant des origines, il existe des symétries élégantes et parfaites qui se brisent, l'une après l'autre, à mesure que l'ensemble se refroidit.

Une première séparation spectaculaire se produit précisément à l'ère de Planck, lorsque la gravité se dissocie du reste des forces. Immédiatement après, une autre transition de phase sépare la force forte de la force faible.

Notre histoire commence avant même que l'inflation ne produise le Big Bang : dans une infime partie du vide, le champ d'une superforce subit progressivement des transformations de phase, des ruptures de symétrie qui séparent les différentes interactions les unes des autres. Les cristallisations ultérieures du champ primordial peupleront notre monde des quatre interactions fondamentales et tout changera, abruptement.

À la différence des deux premières ruptures de symétrie, nous avons recueilli pour la suivante, qui sépare définitivement la force faible de la force électromagnétique, des données sans équivoque nous permettant de raconter une histoire détaillée. Nous avons pu l'étudier en laboratoire, en la reproduisant au CERN, avec la découverte du boson de Higgs, le principal protagoniste de ce qui s'est passé 10^{-11} seconde après le Big Bang. Ce sera le sujet de notre prochain chapitre.

Le deuxième jour

LE CONTACT DÉLICAT D'UN BOSON CHANGE TOUT, À JAMAIS

L'univers incandescent, tout juste sorti de la phase d'inflation, contient déjà toute la matière et l'énergie dont il a besoin, mais si nous pouvions regarder à l'intérieur, nous ne reconnaîtrions rien de familier. Nous verrions une sorte de gaz informe de minuscules particules, impossibles à distinguer les unes des autres : toutes sans masse, volant à la vitesse de la lumière. L'ensemble se présente comme un objet parfait, homogène, isotrope, identique à lui-même en tout point et sous tout angle. Pas de point d'agrégation, pas la moindre non-uniformité.

S'il ne se dilatait pas à une vitesse énorme, on pourrait le confondre avec la représentation idéale de l'être parménidien : identique à lui-même sous tous ses aspects, symétrique sous toutes les rotations, totalement dépourvu d'irrégularités ou de défauts. C'est le règne de l'uniformité et de la perfection, régi par la symétrie, qui est à la fois simplicité et élégance. Si un événement surprenant n'était pas venu perturber cette harmonie en apparence immuable, rien n'aurait pu naître de cet objet parfait, qui serait resté un univers stérile, un énorme gaspillage d'énergie, privé à jamais de la lumière reflétée par la Lune et du parfum des fleurs ; un lieu triste, anonyme, désolé.

Nous approchons du moment où se produira la dernière, peut-être la plus importante, des transformations qui détermineront son destin.

Une fois l'euphorie de l'inflation passée, son expansion se poursuit, poussée par l'énergie qui bouillonne en son sein. À mesure que l'univers s'agrandit, il se refroidit, déclenchant des réactions qui modifient profondément sa dynamique.

Nous sommes arrivés à un centième de milliardième de seconde après le Big Bang, et à partir de là, le déroulement des événements nous est beaucoup plus clair. Depuis que nous avons découvert le boson de Higgs et mesuré sa masse, cette partie de l'histoire a révélé la plupart de ses secrets.

L'univers nouveau-né est déjà énorme. Il vient d'atteindre la taille remarquable d'un milliard de kilomètres quand soudain, alors que la température descend en dessous d'un certain seuil, les bosons de Higgs qui étaient encore libres un instant auparavant se figent et se cristallisent. À ces températures, glaciales pour eux, ils ne peuvent pas survivre et se cachent dans le confortable sépulcre du vide. Il faudra beaucoup de patience pour les revoir. Exactement 13,8 milliards d'années avant que les habitants de la planète Terre produisent des collisions à une énergie suffisamment élevée pour les ramener à la vie pendant une fraction de seconde, suffisamment longtemps toutefois pour qu'ils laissent les traces indélébiles de leur présence.

Le champ qui leur est associé acquiert une valeur spécifique, qui modifie radicalement les propriétés du vide. De nombreuses particules élémentaires, en le traversant, subissent une interaction substantielle et leur vitesse diminue, c'est-à-dire qu'elles acquièrent une masse ; d'autres, qui voyagent sans être perturbées, restent sans masse et peuvent continuer à se déplacer à la vitesse de la lumière.

Avec le champ de Higgs, la symétrie parfaite qui caractérisait l'univers primitif est brisée, et l'interaction faible se sépare définitivement de l'interaction électromagnétique. Certaines particules deviennent si lourdes qu'elles se font instables et disparaissent immédiatement de l'univers qui se refroidit rapidement. D'autres acquièrent définitivement une masse, mais restent légères, une caractéristique fondamentale pour arriver bientôt à une organisation très particulière de la matière.

Le nouveau venu, le champ de Higgs, engendre délicatement la multiplicité en suivant une règle simple et claire. Les particules élémentaires qui sont prises dans ce champ se différencient les unes des autres selon l'intensité de l'interaction et finissent ainsi par acquérir des masses irrévocablement différentes. Son action subtile ressemble à celle du Démiurge du *Timée* de Platon, l'artisan ordonnateur qui, par la médiation du nombre, rend dynamique et vitale la matière informe qui existait auparavant.

Tout dérivera de ce délicat toucher qui a changé les choses, pour toujours. Mais n'anticipons pas, il est encore tôt. Le deuxième jour vient de se terminer et seulement 10^{-11} seconde s'est écoulée.

Le sort de Narcisse

Lorsque l'on contemple le tableau attribué au Caravage (voir ci-contre) pour la première fois, rien n'est plus enchanteur que le cercle parfait dans lequel s'inscrivent les deux figures : le garçon aux vêtements précieux qui se penche au-dessus de l'eau et son reflet, qu'il admire avec extase. La solution choisie par le Caravage pour raconter le mythe de Narcisse est tout simplement géniale. Il s'agit de l'une des plus célèbres métamorphoses d'Ovide, celle du beau jeune homme qui, coupable d'avoir rejeté la nymphe Écho, est condamné à tomber follement amoureux de la seule personne qu'il ne pourra jamais posséder : lui-même. L'éphèbe tend la main gauche vers sa propre image reflétée par l'eau, espérant ainsi pouvoir toucher l'être aimé, mais il ne réussit qu'à se mouiller les doigts. Le cercle qui contient Narcisse et son reflet ne fait qu'exalter la symétrie parfaite qui relie les deux figures.

Narcisse, attribué à Caravage

Le célèbre tableau du Palazzo Barberini à Rome est l'un des nombreux chefs-d'œuvre de l'art qui utilisent la symétrie comme clé pour décrire la beauté. Le sens littéral du mot grec, συμμετρία, *mesures appropriées*, rappelle les concepts de proportion et d'harmonie qui avaient tant de place dans l'imaginaire esthétique et philosophique de l'Antiquité. Pour les Grecs et les Romains, une œuvre devait nécessairement être symétrique pour être belle, avec des éléments et des volumes en relation mathématique les uns avec les autres.

La symétrie centrale, celle qui définit la distribution régulière des segments d'une orange ou des pointes d'une étoile de mer, est largement utilisée dans le monde classique. Pensez à la coupole du Panthéon ou au temple d'Hercule Victorieux sur la Piazza Bocca della Verità à Rome.

L'acception moderne de la symétrie, qui reste liée à la tradition avec les répétitions régulières de formes et de figures, les diverses transformations sous l'effet de translations et de rotations, y ajoute cependant de nouveaux éléments. Cette nouvelle prise de conscience donne naissance à de véritables joyaux de la Renaissance, tels que la coupole de Saint-Pierre de Michel-Ange ou la merveille du Bramante, le Tempietto de San Pietro in Montorio.

La notion moderne de symétrie rend possible une formalisation mathématique qui a trouvé de nombreuses applications dans les sciences. Pour la physique en particulier, la symétrie n'est pas seulement une propriété qui implique la régularité et l'élégance des relations. C'est un véritable instrument de recherche qui a permis de révéler de nouvelles lois de la nature. Tout cela grâce à Emmy Noether, peut-être la plus grande mathématicienne de l'histoire.

Cette jeune chercheuse allemande doit lutter pendant des années avant d'être autorisée à enseigner à l'université ; elle n'est qu'une assistante non rémunérée et à peine tolérée lorsqu'elle rédige en 1918 l'article qui va changer le visage de la physique contemporaine. Le théorème de Noether stipule qu'à chaque symétrie continue des lois de la physique correspond une *loi de conservation*, c'est-à-dire une quantité physique mesurable qui reste inchangée.

Les illustrations les plus courantes de ce théorème sont les symétries à l'origine du principe de conservation de la mécanique classique. Si un système suit les lois du mouvement qui ne changent pas lorsque le système de référence est déplacé (symétrie de translation spatiale), alors la quantité de mouvement est conservée. Si elles sont invariantes par translation de l'axe temporel, c'est l'énergie qui est conservée. Si la même chose advient avec la rotation, c'est le moment angulaire. Et ainsi de suite.

La physique contemporaine généralise cette relation entre symétries, transformations et grandeurs physiques conservées. L'invariance de certaines propriétés physiques dans un système soumis à des transformations permettra de découvrir et de formaliser des relations qui jetteront les bases d'une nouvelle conception de la matière. C'est ainsi que naissent des principes de conservation des grandeurs physiques aux noms mystérieux, qui seront déterminants pour décrire les composants les plus infimes de la matière : l'*étrangeté,* l'*isospin,* le *nombre leptonique* et d'autres encore.

Le concept de symétrie se généralisant, on parle aujourd'hui de *symétries continues ou discrètes, locales ou globales, exactes ou approximatives* : autant d'outils fondamentaux pour comprendre la dynamique des particules élémentaires et de leurs champs. Sans la contribution d'Emmy Noether, tout cela n'aurait pas été possible.

L'aboutissement de cet effort sera le développement du Modèle standard de la physique des particules élémentaires, une construction monumentale qui est la description la plus précise de la matière dont nous disposons actuellement.

La théorie la plus fructueuse de la physique contemporaine explique la matière à l'aide d'un nombre très limité de composants : six *quarks* et six *leptons*, organisés chacun en trois familles différentes. Les douze particules de matière se combinent entre elles, ou interagissent entre elles, en échangeant d'autres particules qui transmettent des forces : le *photon* qui porte l'interaction électromagnétique ; les *gluons* qui transmettent l'interaction forte ; les *bosons vecteurs W et Z* qui propagent l'interaction faible. Les particules de matière, leptons et quarks, ont un spin demi-entier (1/2) et forment la famille des *fermions*, tandis que les particules portant les interactions fortes ont un spin entier (1) et forment la famille des *bosons*. Avec cette liste limitée d'ingrédients, toutes les formes connues de matière peuvent être construites, aussi bien les formes stables qui peuplent notre quotidien que les formes exotiques et éphémères qui sont produites dans les accélérateurs ou dans des processus hautement énergétiques au cœur des étoiles, ou encore lors de catastrophes cosmiques.

La théorie a connu un succès immédiat en raison de son énorme pouvoir prédictif. Depuis qu'elle a été formulée dans les années 1960, elle a prédit de nouvelles particules qui ont été immanquablement découvertes et a permis de calculer avec une grande précision de nouveaux paramètres qui, une fois mesurés, se sont avérés conformes aux prédictions, parfois jusqu'à la dixième décimale.

La pierre angulaire du Modèle standard est l'unification de l'interaction électromagnétique et de l'interaction faible, qui deviennent ainsi deux manifestations différentes d'une force unique, l'interaction *électrofaible*.

Une fois encore, tout découle d'une symétrie. Le premier à s'en apercevoir est Enrico Fermi lorsque, à peine trentenaire, il réalise qu'une nouvelle force fondamentale se cache derrière un phénomène apparemment marginal : les radio-isotopes qui se désintègrent en émettant des électrons. Fermi émet alors l'hypothèse d'une forte analogie formelle entre la nouvelle interaction et l'électromagnétisme, et l'utilise pour élaborer une description de la nouvelle force et calculer sa constante de couplage.

Pendant de nombreuses années, cette nouvelle force sera appelée « interaction de Fermi ». Ce n'est que beaucoup plus tard qu'elle sera rebaptisée « interaction faible », en référence à la faible valeur de la constante G qui détermine l'intensité de la force et qui, en l'honneur de son découvreur, est encore appelée « constante de Fermi ».

L'idée novatrice du jeune scientifique ouvre la voie à l'unification de la force électromagnétique et de la force faible qui, 30 ans plus tard, constituera la base du Modèle standard des interactions fondamentales.

En 1865, James Clerk Maxwell publie les équations qui jettent les bases d'une théorie unifiée des phénomènes électriques et magnétiques : l'électromagnétisme est né. Un siècle plus tard, l'histoire se répète. Vers le milieu des années 1960, ce sont Steven Weinberg, Sheldon Glashow et Abdus Salam, avec la contribution décisive de Gerard 't Hooft, qui formalisent la nouvelle théorie. L'électromagnétisme et la force faible sont deux manifestations différentes de la même interaction, qui sera désormais appelée « électrofaible ».

La découverte par Carlo Rubbia, en 1983, de W et Z, les bosons vectoriels prédits par la nouvelle théorie, marque le triomphe définitif du Modèle standard.

Toutefois, ces succès cachent une faille profonde, une faiblesse inhérente à la théorie qui aurait pu faire tomber son architrave et provoquer l'effondrement de l'édifice entier.

Tout part d'une question très simple : comment est-il possible que ces deux interactions si différentes l'une de l'autre soient des manifestations de la même force ? La force électromagnétique a un rayon d'action infini, tandis que l'interaction faible ne se manifeste que sur les infimes distances subnucléaires.

Une loi générale de la physique nous dit que le rayon d'action d'une force est inversement proportionnel à la masse de la particule qui la transporte. Le photon a une masse nulle, par conséquent l'interaction électromagnétique atteint des distances inouïes. En revanche, W et Z sont très massifs (ils pèsent jusqu'à 80-90 protons), leur rayon d'action est donc minuscule. La force faible agit à l'intérieur des noyaux et c'est la raison pour laquelle nous n'avons détecté sa présence que récemment.

Mais alors, comment le photon privé de masse peut-il servir de médiateur à la même interaction électrofaible que celle transportée par W et Z ? Qu'est-ce qui différencie vraiment W et Z du photon ? Qu'est-ce exactement que la propriété que nous appelons « masse » ?

La beauté de la symétrie brisée

Castelfranco Veneto est l'une des nombreuses merveilles cachées d'Italie. Elle a conservé la structure originale de la ville fortifiée qui s'est développée à l'intérieur du château qui la défendait. La cathédrale, qui a été construite comme il se doit au centre de la ville, est une belle construction néoclassique. C'est une église aux dimensions modestes, rien à voir avec les grandes basiliques. Mais si vous entrez et vous dirigez vers la chapelle Costanzo, à droite du presbytère, vous resterez sans voix. L'autel est en effet dominé par un retable représentant *La Vierge et l'Enfant entre Saint François et Saint Nicaise*, un chef-d'œuvre de Giorgione, le peintre de Castelfranco dont la maison natale peut encore être visitée sur la petite place voisine.

Giorgio Barbarelli – c'est son vrai nom –, a eu une vie brève, mais il a laissé au monde des œuvres inoubliables. Il n'a que 25 ans lorsqu'il commence à peindre, en 1503, le retable commandé par Tuzio Costanzo, un condottiere d'origine messinoise engagé par la Sérénissime pour diriger ses armées. Ce dernier désire un retable pour orner la chapelle mortuaire de son fils, Matteo, terrassé par la malaria à l'âge de 23 ans au cours d'une campagne militaire près de Ravenne.

Giorgione fait un choix qui rompt avec la tradition. Les grands maîtres avant lui, de Piero della Francesca à Giovanni Bellini qui l'a formé, ont toujours placé leurs personnages au centre d'une construction idéale, dans un jeu de perspective courtois qui rappelait parfois les lignes de l'église dans laquelle les panneaux étaient placés. Giorgione conserve la forte structure iconographique de la pyramide, au sommet de laquelle est assise la Vierge à l'Enfant, mais décide de rompre la perspective et de l'ouvrir vers l'extérieur. Le trône très haut, surnaturel, presque métaphysique, se détache sur un paysage d'une douceur déchirante, baigné d'une lumière douce qui enveloppe la campagne et les collines. Les figures et le fond célèbrent le triomphe de la peinture tonale vénitienne, la fameuse touche qui différencie les peintres de la Sérénissime des Florentins, cette *pittura sanza disegno* (« peinture sans dessin ») dont parlait Giorgio Vasari dans ses *Vies*. Une technique habile réalisée avec des voiles de couleur superposés, qui évite toute transition abrupte entre l'ombre et la lumière, tous les bords se fondant dans un clair-obscur délicat.

Le *Retable de Castelfranco*, de Giorgione

La grande table présente une double symétrie axiale : haut-bas et droite-gauche. Un rideau de velours rouge foncé délimite le monde terrestre, avec son sol en damier régulier et ordonné, sur lequel reposent la base du trône et les deux personnages sur les côtés. Au-dessus, le monde céleste se découpe sur un paysage d'une mélancolie poignante, avec la figure de la Vierge au centre.

La symétrie parfaite est brisée au sommet par la figure de l'Enfant, assis sur le genou droit de la Madone, absorbé dans la conscience de son destin. En bas, les deux personnages ont la même posture et sont placés dans une position parfaitement symétrique par rapport à l'axe médian du tableau. Tous deux regardent l'observateur droit dans les yeux et l'entraînent à l'intérieur du tableau, mais le contraste entre eux ne pourrait être plus frappant. À droite, Saint François, nu-pied et désarmé, porte l'humble habit dans lequel il s'est rendu à Damiette pour porter son message de paix au sultan d'Égypte al-Malik al-Kamil. À gauche, l'armure de Saint Nicaise, frère guerrier de l'ordre hospitalier de Saint Jean de Jérusalem, jette mille feux. Croisé en Terre Sainte, il est fait prisonnier lors de la bataille de Hattin et sera décapité en présence de Saladin, l'oncle du sultan qui, des années plus tard, dialoguera pacifiquement avec le saint d'Assise. Nicaise tient l'étendard des Hiérosolymitains, le drapeau avec la croix qui deviendra l'insigne des Chevaliers de Malte, et la lance qui le soutient est le dernier et le plus important élément de rupture de toutes les symétries : en envahissant l'espace céleste, elle perturbe la division entre les deux mondes et brise délibérément l'ordre vertical de la composition par une diagonale agressive. C'est cette rupture de symétrie traitée avec une maîtrise absolue qui fait du tableau un chef-d'œuvre de nouveauté et de beauté.

De nombreuses productions artistiques témoignent de la fascination qu'exerce la rupture de symétrie. Certes, le rythme ordonné d'une symétrie parfaite apaise et rassure, mais il risque d'être statique ; il ne crée pas d'émotion, car il ne produit pas de surprise. L'élément de rupture dérange autant qu'il intrigue ; il remet en cause nos certitudes et nous incite à chercher où nous porte cette rupture d'équilibre. Un instant, nous hésitons, intimidés par l'innovation inattendue et par les risques qui l'accompagnent ; puis l'artiste nous tranquillise en nous ramenant en territoire familier. De façon analogue, les variations sur le thème dominant d'une symphonie nous promènent dans des paysages sonores inédits qui nous font craindre de nous égarer ; seul le retour du thème, dans une sorte d'étreinte finale consolatrice, nous rassérène. Ce sont là des techniques connues et pratiquées avec brio par de grands peintres ou de brillants musiciens tels que Bach et Mozart. C'est de l'écart que naît le charme inégalé des grands chefs-d'œuvre, de l'inclinaison habituelle de la tour de Pise au sourire asymétrique et intrigant de Mona Lisa, en passant par les sculptures en bronze doré d'Arnaldo Pomodoro – ces sphères lisses et parfaites, filles d'un rapport mathématique magique, qu'il lacère et décompose, exposant leur intérieur tourmenté.

Si, dans le domaine de l'art, briser la symétrie est un acte délibéré qui suscite fascination et étonnement, pourquoi la nature semble-t-elle incapable de résister à la même tentation ?

L'univers qui émerge de la phase d'inflation est le royaume de la perfection. Les lois de la physique qui la régissent sont magnifiquement symétriques. Pourquoi rompre un mécanisme aussi parfait ?

Un exemple mécanique peut nous aider à comprendre le rôle des brisures de symétrie spontanées en physique. Prenez un crayon posé sur la mine sur une surface plane. L'état initial du système est parfaitement symétrique : le crayon peut tourner sur lui-même et les lois de la physique restent les mêmes, car le champ gravitationnel est symétrique par rotation autour de l'axe vertical. C'est une façon de dire que le crayon, en tombant sur le plan, peut prendre n'importe quelle direction. Cet état symétrique est instable ; laissé à lui-même, le crayon tombera. Une fois sur le plan horizontal, le crayon est stable, mais il a brisé la symétrie de rotation du champ gravitationnel parce qu'il a choisi une direction particulière. En tombant sur le plan, le crayon a perdu son énergie et sa symétrie, mais a gagné en stabilité et en multiplicité.

Quelque chose de similaire s'est produit dans l'univers primitif. L'état initial incandescent présentait un niveau élevé de symétrie, mais il était instable ; en se refroidissant, il perd sa symétrie, mais devient plus stable.

Quel était l'état à énergie plus faible dans lequel se trouvait l'univers ? Quel mécanisme a pu provoquer la brisure spontanée de la symétrie électrofaible ? Le problème se pose dès les balbutiements de la théorie électrofaible, et plusieurs solutions sont proposées sans qu'aucune ne s'avère convaincante. En 1964, trois jeunes scientifiques ont la bonne idée : deux Belges, Robert Brout et François Englert, et un Britannique, Peter Higgs.

Une fois de plus, des jeunes proposent une idée nouvelle, non conventionnelle, que personne ne prend au sérieux, justement parce qu'elle est vraiment révolutionnaire. Si les équations des deux interactions sont les mêmes, seul le milieu dans lequel elles se propagent peut briser la symétrie. C'est-à-dire le vide. En d'autres termes, c'est le vide qui « brise la symétrie », car le vide n'est pas... vide. Un champ occupe tous les coins de l'univers depuis des temps immémoriaux : le champ de Higgs, produit par une particule élémentaire scalaire qu'il faut ajouter aux particules du Modèle standard. C'est la seule façon d'expliquer pourquoi la force électromagnétique et la force faible se comportent si différemment, au point qu'elles semblent n'avoir aucun rapport, même lointain.

Dans le petit univers incandescent des origines, le champ de Higgs se trouvait en revanche dans un état excité qui rendait tout parfaitement symétrique. Lorsque la température tombe au-dessous d'un certain seuil, il se fige dans un état d'équilibre à plus faible énergie qui rompt la symétrie initiale. W et Z sont englués dans le champ qui les piège, deviennent massifs, tandis que le photon continue à courir partout, privé de masse : il ne remarque même pas la nouveauté, car il n'interagit pas avec le champ.

Un mécanisme similaire explique pourquoi les leptons et les quarks ont des masses si différentes. Eux aussi sont nés démocratiquement privés de masse. C'est le champ de Higgs qui sélectionne et distingue les particules massives des particules légères. Plus l'interaction avec le champ est forte, plus la masse de la particule est élevée.

Tout s'emboîte sans effort... à l'exception d'un petit détail. Ce champ de Higgs existe-t-il réellement ? Comment s'assurer que cette solution élégante est vraiment celle que la nature a choisie ? Si le champ existait, la particule qui lui est associée devait nécessairement se trouver quelque part : c'est le début de la grande course à la découverte du boson de Higgs.

La découverte du boson de Higgs

Il a fallu près de 50 ans pour vérifier que le mécanisme de Higgs était bien responsable de la rupture de la symétrie électrofaible. C'est le temps qu'a duré la chasse à la particule la plus insaisissable de l'histoire de la physique.

La théorie ne prédisant pas la masse du boson de Higgs, celui-ci pouvait donc se cacher n'importe où. Pendant des décennies, les scientifiques du monde entier ont déployé des efforts surhumains pour tenter de capturer la nouvelle particule, en vain. Maintenant que nous l'avons découvert, nous savons que le boson est si lourd que l'énergie des accélérateurs en service avant 2010 n'était pas suffisante pour le produire. Le tournant a eu lieu avec la construction du LHC, le grand accélérateur du CERN à Genève.

Les accélérateurs de particules sont des *machines à remonter le temps* modernes : ils nous ramènent des milliards d'années en arrière et nous permettent d'étudier les phénomènes à l'origine de notre univers. Lors des collisions, il est possible d'extirper du vide des particules de matière. C'est une application de la célèbre relation d'équivalence masse-énergie d'Einstein. Lorsqu'un faisceau de particules entre en collision avec un autre faisceau, l'énergie de la collision peut être transformée en masse, $E = mc^2$: plus l'énergie est grande, plus les particules qu'il est possible de produire et d'étudier en détail sont lourdes. Les accélérateurs de particules sont donc des *usines à particules éteintes* qui redonnent vie, pendant quelques fractions de seconde, à des formes de matière qui ont disparu immédiatement après le Big Bang.

Le LHC est le collisionneur le plus puissant actuellement en service dans le monde. Deux faisceaux de protons composés de milliers de paquets circulent en sens inverse dans un tube de 27 kilomètres de circonférence où règne un vide très poussé. Plus de 100 milliards de protons sont concentrés dans chaque paquet et sont accélérés par des champs électriques très élevés, tandis que de puissants aimants courbent leurs trajectoires pour les maintenir en orbite et les faire entrer en collision. L'énergie du LHC est de 13 téraélectronvolts, mais comme les protons sont constitués de quarks et de gluons, leurs collisions sont assez compliquées et seule une partie de l'énergie disponible, quelques téraélectronvolts, peut être transformée en particules massives. Nos lourds protons perdent en revanche peu d'énergie par rayonnement, il est donc facile de les pousser aux hautes énergies. C'est pourquoi les collisionneurs de protons sont les machines les plus appropriées pour la découverte directe de nouvelles particules.

Les accélérateurs d'électrons ont une fonction complémentaire. Comme il s'agit de particules pointiformes, leurs collisions sont beaucoup plus simples et toute l'énergie de la collision peut être utilisée pour produire de nouvelles particules. Ce sont les machines idéales pour effectuer des mesures de haute précision et tenter de découvrir de nouvelles particules de manière indirecte, c'est-à-dire en recherchant de subtiles anomalies.

Les accélérateurs d'électrons ne permettent pas toutefois d'atteindre des énergies très élevées. Les particules légères telles que les électrons, lorsqu'elles se déplacent sur des orbites circulaires, irradient de grandes quantités de photons et perdent ainsi une fraction importante de leur énergie. Cette déperdition augmente considérablement à mesure que l'énergie augmente et finit par former une barrière insurmontable qui limite la possibilité de découverte directe de nouvelles particules.

Les énergies libérées par les collisions de particules produites par les accélérateurs sont insignifiantes par rapport à l'échelle de notre vie quotidienne. Mais dans l'espace infinitésimal où ont lieu ces collisions, nous recréons des conditions extrêmes qui ne se sont plus vérifiées depuis le Big Bang. Lors de ces collisions, cachés parmi une myriade de phénomènes bien connus et plus conventionnels, se produisent les événements spéciaux qui nous ont permis d'identifier le boson de Higgs.

Ce résultat a été rendu possible par le travail de deux groupes de recherche distincts baptisés ATLAS et CMS, chacun composé de milliers de scientifiques. Lorsqu'on recherche de nouvelles particules, il est presque obligatoire de mener deux expériences séparées. Les signaux recherchés sont si rares et les risques d'erreur si élevés que seules deux expériences indépendantes, basées sur des technologies différentes et menées par des groupes de scientifiques distincts, permettent d'obtenir la certitude qu'il ne s'agit pas d'une fausse alerte.

Les équipes ATLAS et CMS ont été conçues pour travailler de manière totalement indépendante et il existe une forte concurrence entre elles : si l'une découvre en premier un nouvel état de la matière, la seconde ne pourra que confirmer le résultat, toute la gloire revenant à la première… Le sommeil est troublé au sein des deux collaborations : dans de telles conditions, comment ne pas imaginer une myriade de scénarios catastrophes conférant la victoire au camp rival ?

Dans un incroyable concours de circonstances, les deux expériences fonctionnent parfaitement et les deux groupes franchissent dans un bel ensemble la ligne d'arrivée. Ils identifient en même temps les premiers signes du boson dans les données, puis, lorsque le signal devient si fort qu'il n'y a plus de place pour le doute ou la prudence, ils annoncent conjointement au monde, en 2012, la découverte d'une nouvelle particule. Le nouveau venu a une masse de 125 gigaéletronvolts et est à tous égards similaire au boson de Higgs prédit par les « jeunes de 1964 ».

Avec ce résultat, le Modèle standard célèbre un nouveau triomphe récompensé par un prix Nobel, attribué en 2013 à François Englert et Peter Higgs, les deux survivants du trio de jeunes scientifiques qui avait émis les premières hypothèses sur son existence.

Qui a brisé la symétrie entre la matière et l'antimatière ?

Maintenant que nous avons découvert la nouvelle particule, les choses sont plus claires : il est plus facile de comprendre quand la transition a eu lieu et d'esquisser le mécanisme de la brisure spontanée de la symétrie électrofaible.

Le temps X dépend de la masse du boson de Higgs à laquelle correspond une température précise de l'univers primordial, qui a été atteinte 10^{-11} seconde après le Big Bang. À partir de cet instant, l'interaction électromagnétique se sépare définitivement de l'interaction faible, et le long processus qui mènera jusqu'à nous commence. Comme le crayon qui tombe sur la table, l'univers a perdu sa symétrie, mais a gagné en multiplicité et en stabilité. Tout ce qui nous entoure, la merveille de cette infinie variété de formes qui nous laisse encore bouche bée, n'aurait pu voir le jour si la symétrie infernale qui l'emprisonnait n'avait pas été brisée. Le baiser du boson de Higgs a brisé le charme qui emprisonnait la princesse dans la perfection mortifère de l'uniformité absolue. Tout découle de cet écart, de ce petit *défaut* primordial.

Aujourd'hui, nous pouvons décrire le potentiel associé au nouveau champ scalaire et comprendre le mécanisme qui a joué un rôle si important dans la construction de la structure matérielle de l'univers.

Ce moment magique détient peut-être aussi la clé pour résoudre le mystère de l'antimatière. C'est pourquoi, avec la découverte du boson de Higgs, de nouvelles hypothèses apparaissent.

La première idée d'antimatière remonte à 1928 et émerge, presque par hasard, des calculs de Paul Adrien Maurice Dirac. Le tout jeune scientifique anglais, alors âgé de 26 ans, tentait de formuler une théorie pour expliquer le comportement des particules subatomiques à haute énergie. Pour ce faire, il devait concilier la description des particules fournie par la mécanique quantique avec les transformations dues aux effets relativistes. Lorsqu'il met au point l'équation relativiste du mouvement des électrons, il est surpris de constater qu'elle s'applique également aux *électrons positifs*. Ce qui semble initialement une coïncidence purement formelle est rapidement considéré comme la découverte d'une autre symétrie fondamentale de la nature. La mécanique quantique relativiste nous dit que, pour chaque particule ayant une charge, il doit exister une autre particule de masse identique, mais à la charge opposée : ce que nous appelons aujourd'hui une *antiparticule*.

L'idée qu'il puisse y avoir des composants élémentaires d'un *anti-monde* est toutefois si bizarre que personne ne la prend au sérieux jusqu'à ce qu'un autre jeune physicien de 27 ans, Carl David Anderson, à l'université Caltech, se penche sur d'étranges traces apparues dans le détecteur qu'il utilise pour étudier les rayons cosmiques. Après d'innombrables vérifications, sa conclusion est sans équivoque : il s'agit de particules ayant la même masse que l'électron, mais avec une charge positive. Les premiers *positrons* sont découverts ; l'*antimatière*, bien que rare, est une composante réelle de notre monde matériel.

À partir de là, le catalogue des nouvelles particules s'enrichit régulièrement, tout comme celui de leurs partenaires de charge opposée.

L'antimatière s'est banalisée. Nous en produisons pour étudier ses propriétés dans de nombreux accélérateurs de particules, mais aussi pour différents usages, notamment médicaux. L'exemple le plus courant est celui de la TEP, la tomographie par émission de positrons, un test de diagnostic qui permet de reconstruire des images fonctionnelles des organes à partir de l'annihilation de positrons et d'électrons.

L'une des propriétés qui a le plus frappé l'imagination collective est précisément cette caractéristique : les particules et antiparticules qui entrent en contact sont transformées en paires de photons d'une énergie totale égale à la masse du système initial. Cette transformation très efficace de la matière et de l'antimatière en énergie a inspiré d'innombrables auteurs de science-fiction.

En effet, aucune réaction ne peut rivaliser avec le processus d'annihilation. L'énergie qui pourrait être produite en combinant un kilogramme de matière avec un kilogramme d'antimatière serait 70 fois supérieure à celle générée par la fusion nucléaire d'un kilogramme d'hydrogène en hélium et quatre milliards de fois supérieure à celle produite par la combustion d'un kilogramme de pétrole. Mais il y a un hic : jusqu'à présent, personne n'a trouvé de mécanisme efficace pour produire de grandes quantités d'antimatière. Les accélérateurs de particules en produisent des quantités infinitésimales pour un coût énergétique et matériel monstrueux. Il faudrait 250 millions de dollars pour produire 10 milligrammes de positrons. En bref, l'antimatière coûterait 25 milliards de dollars le gramme, ce qui en ferait de loin le matériau le plus rare et le plus cher sur Terre. Pour l'instant, construire des vaisseaux spatiaux équipés de moteurs à antimatière, comme l'*Enterprise* de *Star Trek,* serait difficilement réalisable.

Dès ses premières formulations, le concept d'antimatière suscite une question à laquelle la physique ne sait pas encore répondre : si les équations sont symétriques et décrivent le comportement de la matière et de l'antimatière de manière équivalente, pourquoi notre monde est-il dominé par la matière? Il est logique de supposer qu'à la fin de la phase d'inflation, l'énergie en excès a extrait du vide de la matière et de l'antimatière en quantités égales. Mais l'antimatière semble avoir définitivement disparu de l'univers qui nous entoure. Où est-elle passée?

Des milliers de scientifiques cherchent une réponse à cette question, en suivant des voies très différentes. La première suggère que de grandes concentrations d'antimatière pourraient s'être échappées dans des régions inexplorées de l'espace; des mondes entiers faits d'antimatière, de gigantesques galaxies d'antiprotons et de positrons qui ont échappé à toutes les observations à ce jour.

Une deuxième hypothèse de recherche attribue cette situation à une subtile différence de comportement entre la matière et l'antimatière, une petite anomalie qui briserait la symétrie originelle et serait à l'origine de tout. Des études détaillées ont été menées et plusieurs mécanismes ont été trouvés, qui donnent effectivement une très légère prévalence à la matière dans les processus de désintégration des particules et des antiparticules. Ces différences sont prédites par le Modèle standard, mais la préférence accordée à la matière est trop faible pour expliquer l'excès que nous observons autour de nous.

Enfin, ces dernières années, une autre hypothèse a émergé. L'asymétrie entre la matière et l'antimatière est peut-être le résultat d'un événement qui se serait produit au moment où le boson de Higgs a pris le devant de la scène et a brisé la symétrie parfaite qui dominait l'univers primitif. Une légère préférence pour un couplage avec des particules plutôt qu'avec des antiparticules aurait suffi à produire l'univers matériel qui nous entoure.

Mais d'autres possibilités sont explorées. L'asymétrie pourrait dériver de la façon dont la transition de phase électrofaible a eu lieu. Selon la vitesse à laquelle ce passage s'est effectué, une anomalie locale aurait pu devenir une propriété générale du nouveau système, et c'est à ce moment-là que la bifurcation se serait produite. Notre univers matériel aurait pris la voie de la matière et abandonné définitivement celle de l'antimatière.

Afin d'étudier ces phénomènes en détail, il sera nécessaire de produire des dizaines de millions de bosons de Higgs et de mesurer avec précision leurs caractéristiques les plus infimes, à la recherche d'éventuelles anomalies. Ce sont les études qui sont menées avec le LHC, au fur et à mesure que la luminosité de l'accélérateur augmente pour produire plus de collisions. Mais il se pourrait que, pour vraiment comprendre ce qui s'est passé, il faille construire un accélérateur encore plus puissant, dont l'énergie serait si élevée qu'elle pourrait perturber le champ de Higgs et reconstruire toutes les étapes de cette transition fatidique, en étudiant son comportement loin de la confortable position d'équilibre dans laquelle il repose depuis des milliards d'années.

La plus profonde des symétries

Sous le terme de *supersymétrie* (Susy de son petit nom) se cache en fait une famille complexe de théories qui ont en commun l'hypothèse selon laquelle chaque particule connue aurait un partenaire supersymétrique, c'est-à-dire une particule identique en tout point, mais beaucoup plus lourde et avec un spin qui différerait de moitié ($\pm \frac{1}{2}$). Dans cette hypothèse, les fermions ordinaires de spin demi-entier $\frac{1}{2}$ ont pour partenaire les bosons supersymétriques de spin entier (0, 1), tandis que les bosons ordinaires sont associés aux fermions supersymétriques. Dans le *supermonde*, ce sont les fermions qui portent les interactions et les bosons qui constituent la matière.

La théorie prévoit que cette forme supérieure de symétrie se soit également brisée lors des premiers instants qui ont suivi le Big Bang. En d'autres termes, les particules supersymétriques peuplaient l'environnement incandescent de l'univers primitif dans la même proportion que la matière ordinaire. Mais le refroidissement rapide dû à l'expansion a entraîné leur extinction massive. Incapables de survivre à des températures plus basses, elles se sont désintégrées presque immédiatement en matière ordinaire, ce qui explique pourquoi aucun superpartenaire n'a encore été observé.

En réalité, il pourrait y avoir des exceptions. La théorie prévoit la possible existence de particules supersymétriques stables, c'est-à-dire des particules ne pouvant pas se désintégrer en quelque chose d'autre. Ces particules lourdes, qui n'interagiraient que faiblement, pourraient former d'énormes amas capables d'exercer une attraction gravitationnelle intense. Si tel était bien le cas, cela nous permettrait de comprendre l'origine de la matière noire qui maintient ensemble les galaxies et les amas de galaxies. Ces énormes concentrations de particules supersymétriques stables pourraient être les vestiges fossilisés de cet âge primitif où la matière supersymétrique dominait l'univers.

La fascination exercée par Susy vient également du fait que cette théorie conduirait à un scénario plus simple pour l'unification des interactions fondamentales, dans lequel le boson de Higgs aurait une place spéciale. La particule découverte en 2012 serait la première de toute une famille de super-Higgs, et la supersymétrie nous permettrait d'expliquer pourquoi sa masse est de 125 gigaélectronvolts. Des particules supersymétriques virtuelles protégeraient le boson de l'instabilité qui, en raison des effets quantiques, affecte un scalaire de cette masse, construisant une sorte d'armure protectrice autour de lui.

Pour que la théorie soit vérifiée, il ne suffit toutefois pas qu'elle soit élégante et jouisse d'une grande popularité auprès des physiciens théoriques. Il faut que ces particules étranges soient identifiées dans les données d'une expérience, ce qui n'est pas le cas jusqu'à présent. Il se peut donc que la théorie soit erronée. Les particules supersymétriques pourraient aussi être si lourdes que même le LHC ne peut les produire. Dans ce cas, leur présence pourrait être détectée grâce à leurs effets *virtuels*. Les particules ultramassives pourraient planer comme des fantômes autour des particules connues et interférer avec elles par le biais des mécanismes prédits par le Modèle standard. Il en résulterait des anomalies qui pourraient être enregistrées par nos détecteurs et qui constitueraient une importante découverte « indirecte » de cette nouvelle physique.

La chasse à la supersymétrie se poursuit sur plusieurs fronts à la fois. En exploitant l'énergie accrue du LHC, qui fonctionne à 13 téraélectronvolts depuis 2015, nous espérons produire les particules massives qui ont échappé à toutes les recherches jusqu'à présent. Dans le même temps, nous traquons les cousins du Higgs dans la région qui a déjà été explorée dans le cadre de la recherche du scalaire du Modèle standard. Les enquêtes menées jusqu'à présent ne sont pas suffisantes, ces particules ayant des caractéristiques très différentes. Les cousins supersymétriques du boson de Higgs ont des modes de production et de désintégration particuliers, qui exigent de concevoir des stratégies très spécifiques. De nombreuses données sont également nécessaires, car ces particules pourraient s'avérer plus difficiles à produire et à détecter.

Indépendamment de tout cela, les études sur le boson de Higgs à 125 gigaélectronvolts se poursuivent. Le Modèle standard en prédit toutes les caractéristiques avec une grande précision. Jusqu'à présent, toutes nos observations sont conformes aux prédictions, mais la petite quantité de bosons que nous avons pu produire et reconstruire limite notre précision. L'incertitude de nos mesures est encore trop élevée pour de nombreux processus de désintégration et pourrait cacher les anomalies prédites par Susy.

Un travail d'investigation minutieux, patient et systématique se poursuit avec le LHC. Tout sera tenté pour trouver des signes indubitables de supersymétrie, avec le secret espoir que le boson de Higgs récemment découvert puisse servir de portail vers une nouvelle physique et que la découverte de 2012 puisse être le premier maillon d'une longue chaîne d'avancées.

Les accélérateurs du futur

La physique traverse une période de transformation radicale. Maintenant que nous avons trouvé la dernière particule qui manquait à l'appel, le Modèle standard des interactions fondamentales est complet. Mais alors même que nous célébrons un nouveau triomphe de cette théorie, nous sommes tous conscients du fait que la liste des phénomènes qu'elle ne permet pas d'expliquer est si longue qu'elle est franchement embarrassante.

Nous ne comprenons toujours pas la dynamique exacte de l'inflation, pas plus que nous ne réussissons à unifier de manière cohérente les forces fondamentales, gravité incluse. Les mécanismes qui ont conduit à la disparition de l'antimatière sont totalement inconnus, sans parler des phénomènes qui pourraient expliquer la matière noire et l'énergie sombre.

Tôt ou tard, la place du Modèle standard devra être redimensionnée. Il sera probablement ramené à un cas particulier d'une théorie plus générale, capable d'offrir une description nouvelle et plus complète de la nature. Personne ne sait quand cela se produira, c'est toute la beauté du travail du chercheur. N'importe quel jour peut être le bon : il suffit qu'un nouvel état de la matière apparaisse dans la dernière analyse des données du LHC. Mais il est aussi fort possible que cette révolution nécessite des années d'essais et d'erreurs, ainsi qu'une nouvelle génération d'accélérateurs.

Alors que les travaux se poursuivent, les outils du futur sont déjà en cours de conception. Le temps nécessaire au développement et à la mise en œuvre d'un nouvel accélérateur se mesure en décennies. Les premières discussions sur le LHC ont commencé au milieu des années 1980 et l'instrument a été achevé en 2008. Si nous voulons qu'une nouvelle machine commence ses activités en 2035-2040, c'est le moment d'agir. Ce n'est pas un hasard si le CERN a publié début 2019 son rapport décrivant le projet FCC, *Futurs collisionneurs circulaires*, la prochaine génération d'accélérateurs qui succédera au LHC.

FCC est une collaboration internationale dont l'objectif est de concevoir et de définir l'infrastructure d'un collisionneur de 100 kilomètres qui serait construit au CERN, et d'en estimer les coûts. Le projet prévoit dans une première phase un accélérateur de particules produisant des collisions électron-positron, FCC-ee, et qui serait ensuite converti en une machine proton-proton, FCC-hh, suivant le schéma réussi déjà utilisé au CERN avec la séquence LEP et LHC.

La proposition, lancée en 2014, a immédiatement reçu un fort soutien de la communauté internationale. L'étude a impliqué plus de 1 300 physiciens et ingénieurs de 150 universités, instituts de recherche et partenaires industriels. Le résultat de ces travaux est un rapport détaillé sur lequel s'appuiera la nouvelle stratégie européenne dans le domaine des accélérateurs de particules.

La décision de construire cette nouvelle infrastructure devrait être prise autour de 2025. Dans un scénario réaliste, la construction de FCC-ee pourrait commencer en 2028 et l'exploitation en 2040. La machine à protons, en revanche, est beaucoup plus complexe et nécessiterait encore des années de développement pour une production à échelle industrielle des aimants. FCC-hh commencerait quant à lui sa carrière entre 2050 et 2060.

Pour résumer la situation en une phrase, les décisions cruciales qui sont en train d'être prises délimiteront les confins de la recherche scientifique fondamentale pour le reste du siècle.

Du point de vue de la recherche, la combinaison des deux accélérateurs successifs est de loin la configuration optimale. Elle se présente comme une sorte de manœuvre en tenaille pour débusquer la nouvelle physique, où qu'elle se cache.

La machine à électron-positron fournit l'environnement idéal pour effectuer des mesures de précision du boson de Higgs et des paramètres fondamentaux du Modèle standard. Il est prévu que le nouvel accélérateur fonctionne d'abord à 90 gigaélectronvolts pour produire une énorme quantité de bosons Z, puis qu'il passe à 160 gigaélectronvolts pour générer des paires de W, qu'il monte ensuite à 240 gigaélectronvolts pour produire des millions de bosons de Higgs en combinaison avec Z, pour atteindre enfin 365 gigaélectronvolts afin de créer des paires de *quarks top*, la plus lourde des particules élémentaires connues.

De nouvelles particules, qui nous aideraient à résoudre le mystère de la matière noire, ou de nouvelles interactions qui nous mèneraient aux dimensions cachées de notre univers, pourraient être découvertes indirectement grâce à des mesures d'une précision jamais atteinte des paramètres du Modèle standard.

Si la précision ne suffit pas, nous nous tournerons vers la force brute. Avec l'énergie de 100 téraélectronvolts du FCC-hh, nous pourrons explorer une échelle d'énergie sept fois plus élevée qu'avec le LHC. Tout nouvel état de la matière avec une masse comprise entre quelques téraélectronvolts et quelques dizaines de téraélectronvolts sera directement identifié ; nous saurons enfin si le boson de Higgs est vraiment élémentaire ou s'il possède une structure interne. Il deviendra possible d'étudier les détails de la brisure spontanée de la symétrie électrofaible, qui pourraient s'avérer décisifs pour comprendre la prévalence de la matière dans le monde.

Les coûts de ce projet sont considérables. Neuf milliards d'euros seront nécessaires pour creuser le tunnel et équiper la machine à électrons, quinze milliards pour construire les puissants aimants nécessaires au FCC-hh. Toutefois, si l'on considère la période d'amortissement de l'investissement, si l'on tient compte des contributions financières qui devraient venir du monde entier, l'entreprise semble viable. Ce qui est certain, c'est qu'avec le FCC, l'Europe place la barre très haut et occupe le devant de la scène dans le débat mondial sur les accélérateurs du futur.

Les États-Unis, leader incontesté dans ce domaine il y a encore quelques décennies, font profil bas et semblent résignés à jouer un rôle secondaire. Il en va différemment chez les « tigres d'Asie » – qu'il s'agisse du Japon, mais aussi de la Corée du Sud et surtout de la Chine.

L'investissement chinois dans la recherche fondamentale augmente chaque année, à des taux que nous, Européens, n'osons même pas imaginer dans nos rêves : entre 2000 et 2010, cet investissement a doublé. La Chine dépense aujourd'hui en recherche et développement davantage que l'ensemble de l'Europe. Elle a également lancé un ambitieux programme d'exploration spatiale, qui inclut une station scientifique en orbite et une mission d'exploration lunaire, et inaugure chaque année des dizaines de nouvelles universités et d'importantes infrastructures de recherche.

La classe dirigeante chinoise montre qu'elle a compris que l'investissement dans les sciences fondamentales peut faire entrer le pays dans l'élite technologique mondiale. Mais leur projet est beaucoup plus ambitieux : ils ne veulent pas seulement participer, ils veulent exceller dans toutes les activités qu'ils considèrent d'une importance stratégique pour une superpuissance visant à diriger le monde.

Ce n'est pas un hasard si le géant asiatique propose dans le domaine de la physique la construction du CEPC (*Circular electron-positron collider*), un projet très similaire à notre FCC : un anneau de 100 kilomètres qui abriterait une *usine à bosons de Higgs*, un collisionneur électron-positron de 240 gigaélectronvolts, pour passer ensuite à un accélérateur de protons capable de produire des collisions de 100 téraélectronvolts dans le centre de masse.

Le projet pourrait être réalisé dans la région de Qinghuada, une zone vallonnée proche de la mer, à 300 kilomètres de Pékin, surnommée la « Toscane chinoise ». Le creusement d'un tunnel de plusieurs dizaines de kilomètres de long en Chine est beaucoup moins cher qu'en Europe, et les Chinois semblent prêts à en couvrir une grande partie.

En bref, le projet du FCC, qui intervient dans une période de crise et de divisions en Europe, pourrait être l'occasion de recommencer à voir les choses en grand. Si notre continent entend jouer un rôle décisif dans le développement de l'innovation et de la connaissance en n'acceptant pas de céder à d'autres le leadership dans des secteurs stratégiques comme la physique fondamentale, le FCC est une occasion à saisir.

Bien loin d'être confinée à quelques groupes restreints de chercheurs, l'étude des événements à l'origine de notre univers, il y a 13,8 milliards d'années, est indissociable des défis scientifiques, technologiques et peut-être même politiques du moment.

Le troisième jour

La naissance des immortels

L'événement traumatique qui a séparé à jamais la force faible de la force électromagnétique vient de se produire et en apparence, rien n'a changé. Le vide électrofaible qui s'est instauré partout ne peut être vu ni même touché. Mais les composants de ce système chaotique le perçoivent et se déchaînent, dans une frénésie d'objets pointiformes tourbillonnant en tous sens.

Le champ de Higgs différencie le comportement de chaque composant individuel, attribue des rôles, définit des fonctions. Un peu comme si un ordre interne, encore invisible, s'était soudainement établi dans ce système désordonné et indistinct, un ordre qui conduira bientôt à des transformations irréversibles. L'apparente anarchie qui domine les multiples interactions cache désormais une trame subtile faite de hiérarchies et d'organisation. À partir de ce moment, une séquence impérieuse d'événements pousse certains composants élémentaires à se condenser en des formes d'organisation de plus en plus stables. Ce sont les prémices d'un monde matériel persistant : les éléments de base qui permettront à la grande construction de prendre forme sont en train d'être cimentés, et nous serons bientôt en mesure de reconnaître des éléments familiers.

L'univers fait maintenant 100 milliards de kilomètres ; il continue pourtant inexorablement à s'étendre. Sa température, même si elle baisse rapidement, se mesure encore en milliers de milliards de degrés. Dans l'agitation spasmodique de ses composants, on commence à percevoir des différences de comportement et certaines régularités. Dans quelques instants, lorsque la température diminuera, les quarks les plus légers se figeront dans un état très particulier : le proton. Un système compliqué et génial, un état lié de quarks et de gluons qui occupera une bonne portion du vide ; une résidence confortable et spacieuse, décidément commode pour accueillir trois quarks et un certain nombre de gluons ; un véritable parc d'attractions pour ses composants élémentaires, qui seront libres de se poursuivre et de se coller les uns aux autres, entourés de particules virtuelles les liant dans une étreinte chaotique et tourbillonnante. Cet environnement est si bien conçu qu'il durera à jamais. Les premiers protons émergent donc, et constitueront la base de toute structure matérielle plus complexe ; ils sont si solides et si bien organisés qu'ils peuvent être considérés comme virtuellement immortels. De nombreuses autres formes d'organisation de la matière sont instables, elles se transforment en quelque chose d'autre, peut-être après une fraction de seconde ou un million d'années. Pas le proton. Sa durée de vie moyenne est tellement énorme que les 13,8 milliards d'années de l'univers ne sont en comparaison qu'un événement d'une durée insignifiante.

Tout est encore incandescent, mais bientôt l'univers entier passera sous la domination du Génie du froid, dont le règne ne sera pas temporaire comme dans le *Roi Arthur* d'Henry Purcell. Le grand compositeur baroque le fait sortir de son sépulcre glacial, recouvert par les neiges éternelles, sous l'impulsion d'une force primordiale qui n'existe pas dans l'univers. Le milieu gelé qui nous entoure ne connaît pas de printemps ; Perséphone, la fille de Déméter enlevée par le roi des Enfers, a mangé tous les grains de grenade et ne pourra jamais plus remonter à la surface.

Dans cet endroit inhospitalier, les protons sont les plus aptes à survivre. Ils formeront la cellule primordiale des notes qui permettront de composer les symphonies les plus complexes. Combinés à l'infini, ils donneront lieu aux variations les plus insolites et aux récurrences les plus rassurantes, à partir d'une nouveauté imminente qui déclenchera une autre séquence de transformations.

La masse spécifique que les électrons ont acquise grâce à l'interaction avec le vide électrofaible leur permet d'orbiter autour des premiers protons de manière permanente, rendant possible la formation d'atomes et de molécules. C'est ainsi que seront générées les énormes nébuleuses gazeuses, d'où naîtront les premières étoiles, puis les galaxies, les planètes et les systèmes solaires, jusqu'aux premiers organismes vivants, de plus en plus complexes, pour arriver, en dernière instance, à nous. Cette séquence de sons merveilleux est sur le point de commencer. Restez à l'écoute.

Le liquide parfait

Une microseconde seulement (10^{-6}, un millionième de seconde) s'est écoulée depuis le Big Bang, la température est supérieure à 10 000 milliards de kelvins et l'univers entier bouillonne d'une matière étrange qui ressemble à un plasma, un autre terme dérivé du grec désignant une sorte de gelée, quelque chose qu'il est possible de modeler. Nous l'utilisons pour désigner par exemple les gaz ionisés, c'est-à-dire des gaz chauffés à une température si élevée que les atomes sont dépouillés de tous leur électrons, de sorte que le milieu, qui reste électriquement neutre, est en fait composé de particules libres de charge opposée. Le plasma qui occupe l'univers primordial n'est pas fait d'ions et d'électrons, mais est composé de toutes sortes de particules se déplaçant à des vitesses relativistes, principalement des quarks et des gluons. À ces températures, la force forte est trop faible. Son intensité augmentera à mesure que l'univers se refroidira, mais elle n'est pas encore capable de contenir l'énergie cinétique nécessaire à la création d'états liés.

Le plasma quarks-gluons qui en résulte est un gaz ressemblant à un fluide idéal. Ses composants glissent les uns sur les autres sans résistance, sans pouvoir interagir les uns avec les autres. C'est un liquide parfait, d'une viscosité pratiquement nulle, un superfluide qui coule partout sans effort, capable de pénétrer dans n'importe quel interstice vide. Cette sorte de soupe fine, intangible, extrêmement chaude, aux propriétés étranges, a été étudiée dans ses moindres détails depuis qu'il a été possible de la recréer en laboratoire. Le résultat est relativement récent et repose sur l'utilisation de puissantes machines capables de faire entrer en collision des ions lourds.

Les accélérateurs les plus courants utilisent des particules pointiformes comme les électrons, ou tout au plus les protons, des systèmes composites constitués d'une poignée de quarks et de gluons. Même dans ce cas, les collisions les plus énergétiques se produisent entre objets pointiformes : les constituants élémentaires du proton, c'est-à-dire les paires de gluons ou de quarks, entrent en collision frontale, tandis que le reste vole en éclats.

Grâce à des dispositifs spéciaux, des objets beaucoup plus grands et plus complexes, tels que des ions lourds, peuvent être injectés, mis en circulation et accélérés dans les mêmes machines. Les ions lourds sont en fait les noyaux d'atomes ionisés auxquels on a retiré tout ou partie de leurs électrons orbitaux. Étant chargés, ils peuvent être injectés dans des accélérateurs, acquérir de l'énergie et entrer en collision avec d'autres faisceaux. Comme ils sont plus complexes et plus lourds, leurs collisions sont beaucoup plus spectaculaires, de vrais feux d'artifice qui libèrent des dizaines de milliers de particules.

C'est le cas dans les collisions entre ions plomb qui ont lieu dans le LHC : des noyaux très lourds sont accélérés et entrent en collision. Ils sont composés de plus de 200 protons et neutrons, tous portés à des énergies monstrueuses.

Un noyau ultrarelativiste ressemble à une sorte de disque compact et fin. La relativité le comprime dans le sens du mouvement et les quarks et les gluons qui le composent, dont la masse augmente avec la vitesse, font croître rapidement la densité locale de la matière nucléaire. Lorsque deux disques, appartenant à des faisceaux opposés, entrent en collision centrale, c'est comme si des centaines de collisions individuelles se superposaient. Au cœur de la collision, la température locale est si élevée que, pendant une fraction de seconde, on peut voir des quarks et des gluons fusionner pour former une gouttelette de ce fluide primordial : le plasma quarks-gluons.

L'énergie des accélérateurs les plus modernes est si élevée qu'un minuscule Big Bang peut être reproduit en laboratoire. Le volume infinitésimal dans lequel se produit ce phénomène se dilate rapidement en raison de la température très élevée et, en un instant, le fluide perd ses caractéristiques, donnant naissance à des volées de particules connues. Mais les propriétés de ces produits secondaires, émis depuis le centre de la collision, nous permettent de retrouver les caractéristiques particulières du superfluide d'origine.

Un proton est éternel

Quelques microsecondes plus tard, la température, qui baisse toujours, franchit le seuil au-dessous duquel le plasma quarks-gluons ne peut se maintenir. À ce stade, l'univers est peuplé d'une abondance de photons, les quarks et les leptons virevoltant partout avec les gluons, tandis que W et Z, devenus massifs, n'ont qu'un rayon d'action limité.

À mesure que l'univers se refroidit, la force forte, l'interaction véhiculée par les gluons, devient de plus en plus forte ; chaque gluon finit par se coller à quelques quarks et disparaît. La matière commence à s'agréger en états lourds, génériquement appelés *hadrons* (du grec « fort », parce qu'ils sont formés de quarks et soumis à la force forte). Les premières tentatives pour produire de la matière stable sont infructueuses : des paires éphémères de quarks et d'antiquarks se forment bien, liées par des gluons, mais elles sont trop instables et se séparent rapidement. Tout se passe beaucoup mieux lorsque des systèmes apparemment plus complexes apparaissent, composés de trois quarks.

La nouvelle configuration semble prometteuse : le triplet de quarks, maintenu ensemble par des gluons qui voltigent et se collent aux quarks à tour de rôle, donne l'impression de devoir durer. En réalité, les choses ne fonctionnent pas si bien que cela avec les quarks les plus lourds. Pendant un moment, on croit que tout va bien, mais des signes d'instabilité ne tardent pas à apparaître ; dès que la température baisse encore un peu, ils se désintègrent en produisant de petits feux d'artifice.

La véritable surprise survient lorsque s'organisent des triplets de quarks légers. La première famille contient les quarks *up* (u) et *down* (d), les plus légers et les moins perceptibles, ceux qui interagissent le plus faiblement avec le champ scalaire de Higgs et qui sont juste un peu plus lourds que les légers leptons. Les gigantesques quarks *top*, des milliers de fois plus massifs, tentent en vain de s'assembler pour former quelque chose de stable. Les petits, en revanche, réussissent là où leurs encombrants cousins échouent irrémédiablement.

L'architecture qui en résulte a la simplicité des idées géniales, comme la table à trois pieds qui trouve toujours son équilibre et ne vacille jamais. Deux quarks *up* de charge $+\frac{2}{3}$ et un quark *down* de charge $-\frac{1}{3}$ forment un système de charge positive nette +1 que l'on appelle *proton*.

Le nouveau venu est en quelque sorte un archétype de stabilité, une architecture idéale faite pour durer. La combinaison de trois quarks en rotation, pris dans la mélasse de la force forte portée par les gluons, fait de lui une forteresse imprenable. Malgré la légèreté de ses composants élémentaires, il possède une masse considérable, près d'un gigaélectronvolt, dominée par l'énergie du champ de force forte qui le maintient ensemble. Les trois quarks ultra-légers sont connectés par une énorme énergie de liaison, bien supérieure à leur masse. Le secret de la masse du proton réside dans cette *colle forte* qui lui donne sa stabilité légendaire.

Au fur et à mesure que l'univers se refroidit, il devient incroyablement difficile de briser les protons, les énergies traversées étant bien inférieures à leur énergie de liaison. Cela ne se produira que lorsqu'ils seront accélérés à des vitesses ultrarelativistes lors de catastrophes stellaires et qu'ils erreront sous forme de rayons cosmiques à haute énergie. S'ils entrent alors en collision avec d'autres corps, on retrouve les mêmes réactions de désintégration que celles que les Terriens parviennent à reproduire dans leurs accélérateurs de particules. Mais ce sont des phénomènes rares. Dans la grande majorité des cas, les trois quarks légers, immergés dans leur mer de gluons collants, restent tranquilles, protégés des changements d'un univers qui évoluera sur des milliards d'années.

Des expériences extrêmement complexes ont tenté de quantifier la stabilité du proton, c'est-à-dire de définir dans quelles limites il est possible d'affirmer qu'il s'agit d'une particule *immortelle*. Les résultats sont stupéfiants.

Si le proton se désintégrait en d'autres particules plus légères, même par le biais d'une désintégration très rare, sa durée de vie moyenne pourrait être mesurée. Il suffirait d'identifier l'un de ces processus et le tour serait joué. Comme nous nous attendons à ce que ces processus soient très rares et qu'il est impossible de réaliser des expériences sur des siècles, notre seule option est de surveiller un nombre effroyablement élevé de protons pendant une durée raisonnable, disons quelques années.

Dans l'expérience Super-Kamiokande, au Japon, des capteurs spéciaux, capables de détecter l'écho des désintégrations les plus faibles, équipent un énorme conteneur rempli de 50 000 tonnes d'eau ultra-pure. Pour éviter toute fausse alerte, les moindres impuretés résiduelles dans l'eau sont contrôlées et le tout est installé dans une grotte immense au fond d'une mine. Cela rend l'expérience moins sensible aux perturbations dues aux rayons cosmiques, qui pourraient produire des signaux similaires à celui recherché.

Jusqu'à présent, puisqu'aucune désintégration n'a été observée, il a seulement été possible de fixer une limite inférieure à la vie moyenne du proton, qui s'est avérée supérieure à 10^{34} ans ; dans les limites expérimentales, sa durée de vie est en somme infinie. Il suffit de penser que l'univers n'a qu'un peu plus de 10^{10} ans… Pour paraphraser la célèbre publicité d'un diamantaire, « un proton est éternel ». Soyez toutefois avertis : si le diamant ne peut concurrencer le proton en matière de longévité, un flacon d'hydrogène ne fera probablement pas le même effet qu'un anneau serti d'une belle pierre.

L'intérêt de rechercher ces processus très rares dans lesquels un proton pourrait se désintégrer en d'autres particules plus légères est également lié à la validation expérimentale de la théorie de la Grande Unification (GUT, pour *Grand Unified Theory* en anglais). Le fait que les trois interactions fondamentales convergent en une seule force à des énergies suffisamment élevées est considéré comme une hypothèse très convaincante, étayée par de nombreuses données expérimentales. Comme l'unification se produirait à une échelle énergétique actuellement inaccessible, il n'est pas possible d'observer directement le phénomène et d'en étudier tous les détails. Certains des modèles de la GUT prévoient que le proton doit également se désintégrer, bien que cela se produise très rarement. La découverte de ce processus, si difficile à enregistrer, pourrait nous fournir des indications plus claires sur la dynamique de la Grande Unification.

Les protons sont encore aujourd'hui le principal composant de la matière ordinaire dans l'univers. La plus grande partie de la matière visible dans les galaxies se présente sous la forme de plasma d'hydrogène, un gaz chaud et ionisé composé de protons et d'électrons libres. Si les protons étaient instables, le plasma se dissoudrait comme un brouillard sous les rayons du Soleil. Mais cela ne se produit pas. Les protons, qu'ils soient libres d'errer dans l'espace ou qu'ils restent étroitement liés aux noyaux des atomes, semblent véritablement immortels. Comme les guerriers de *Highlander* – un vieux film des années 1980 mettant en scène Christopher Lambert et Sean Connery – les protons traversent les vicissitudes de l'univers depuis des temps immémoriaux et l'avenir ne leur fait pas peur.

Légers et pourtant indispensables

Pour construire la matière stable que nous connaissons, deux ingrédients nous manquent encore. Le premier est la version neutre du proton : le neutron. C'est un proche parent du proton, auquel il ressemble à bien des égards. Il est lui aussi constitué d'un triplet de quarks légers, à cette différence près qu'il contient deux quarks *down* (de charge $-\frac{1}{3}$ chacun) et un quark *up* (de charge $+\frac{2}{3}$). Il en résulte un objet massif, mais privé de charge électrique. La masse du neutron est en effet similaire à celle du proton, environ un gigaélectronvolt, et elle est également dominée par l'énergie de liaison du champ de gluons qui la maintient.

Mais le fait qu'il soit neutre crée une différence, minuscule, mais d'importance : le neutron est légèrement plus lourd que le proton, 1,3 mégaélectronvolt, soit 0,14 % de plus. Cet écart minime sera fondamental.

Ayant une masse légèrement supérieure, il peut se désintégrer en un proton et, pour que les lois de conservation soient respectées, en un électron qui doit nécessairement être accompagné d'un neutrino. Il s'agit d'une désintégration faible typique avec émission d'électrons, similaire à celle qui intriguait Enrico Fermi. Cette désintégration ne se produit pas si les neutrons sont contenus dans les noyaux. Dans le champ de la force forte qui maintient les noyaux ensemble, le neutron ne peut pas se désintégrer, mais s'il est privé de ce bouclier protecteur, il devient instable et se désintègre au bout de quelques minutes. Nous verrons dans un instant l'importance de ce mécanisme pour la formation des premiers noyaux.

Des protons et des neutrons se forment constamment, ainsi que leurs antiparticules. Lorsque les deux opposés se rencontrent, ils s'annihilent immédiatement en photons, mais l'environnement est si chaud que des paires de particules/antiparticules continuent à être extraites du vide pour remplacer celles qui viennent de s'évanouir. Le processus se reproduit partout et en permanence, tant que la température l'autorise. Dans ce cycle très rapide de naissance et de mort, la petite asymétrie initiale entre matière et antimatière est amplifiée. Lentement mais sûrement, cette différence infinitésimale de population fait disparaître des générations successives tous les antiprotons et antineutrons : l'univers est en passe de n'être composé que de matière.

Ensuite, la température tombe en dessous de la valeur minimale qui permet d'extraire des paires de protons ou de neutrons du vide et le processus s'arrête, marquant la fin de l'ère des hadrons. Il y a cependant encore suffisamment d'énergie pour produire des paires électron/positron qui commenceront à se répandre dans l'univers, dans un parcours analogue à celui des hadrons.

Contrairement aux protons et aux neutrons, les électrons sont extrêmement légers. En fait, ils pèsent presque 2 000 fois moins que les triplets de quark qu'ils sont censés accompagner. Ce ne sont pas des objets composites et il n'existe pas de particules chargées plus légères qu'eux. Les lois combinées de la conservation de l'énergie (selon laquelle un objet ne peut se désintégrer qu'en une particule plus légère) et de la conservation de la charge (qui interdit qu'un électron se désintègre en une particule neutre) nous amènent à conclure que les électrons doivent eux aussi être stables.

À quelques instants du Big Bang, l'univers se remplit aussi de la plus légère des particules chargées. Il contient maintenant tous les ingrédients nécessaires à la formation de matière stable, mais il nous faut encore un peu patienter.

Les plus timides et les plus polis s'en vont les premiers

Depuis que l'univers s'est rempli de protons et de neutrons, la population de neutrinos a également augmenté. Ce sont les leptons les plus légers, qui ont des masses tellement infimes qu'ils nous ont trompés jusqu'à il y a quelques années. Ce n'est que récemment que nous avons découvert que leur masse est légèrement différente de zéro, bien que nous n'ayons pas encore réussi à la mesurer avec précision.

Comme ce sont des leptons, ils ne subissent pas la force forte, et comme ils sont neutres, ils sont indifférents à l'interaction électromagnétique. La seule force à laquelle ils obéissent est la force faible. Les neutrinos sont d'une discrétion et d'une politesse exquises : ils se déplacent si délicatement qu'ils traversent d'énormes quantités de matière sans se faire remarquer ni provoquer la moindre perturbation. Et pourtant, ils jouent un rôle fondamental dans les équilibres qui détermineront la composition matérielle de l'univers.

Comme nous l'avons vu, les neutrons sont légèrement plus lourds que les protons ; cette différence de 0,14 % est insignifiante, l'équivalent d'une différence de 100 grammes entre deux individus de 80 kilogrammes. Cependant, pour que les protons et les neutrons soient en équilibre thermique les uns avec les autres, ils doivent chacun absorber la moitié de l'énergie. En raison de la différence de masse, la population de neutrons sera légèrement inférieure à celle des protons. Tant que la température est énorme, ce petit détail est négligeable. Mais lorsque l'énergie thermique qui doit être distribuée diminue, cette différence devient de plus en plus importante. Et quelle est la cause de la réduction de la population des neutrons et de l'augmentation de celle des protons ? Les réactions qui font disparaître les neutrons, comme la désintégration faible, qui transforme un neutron en un proton, un électron et un neutrino, ainsi que d'autres réactions aux effets similaires. Conclusion : le gaz de neutrinos qui participe à ces processus finit par partager la même température que la population de photons et la matière hadronique avec laquelle il interagit.

Ce processus dynamique s'interrompt à l'instant t = 1 seconde. À ce stade, la température a tellement baissé qu'il faut maintenant six protons pour chaque neutron afin de maintenir l'équilibre thermique, et la situation est sur le point de changer brutalement. La température chute maintenant si rapidement que les neutrinos ne parviennent plus à maintenir le taux de réaction permettant de distribuer l'énergie thermique entre les protons et les neutrons. Un instant auparavant, les différentes sortes de particules étaient maintenues en équilibre. C'est désormais Waterloo : ayant irrémédiablement perdu la bataille, les neutrinos abandonnent le terrain. Une énorme population de particules courtoises et pacifiques se détache de la matière primordiale et commence à errer sans but, n'emportant avec elle que le souvenir de la température qu'elle partageait avec tous ses autres partenaires un moment avant que la séparation n'ait lieu.

Dans un univers trop raréfié pour les retenir, les neutrinos échapperont à l'emprise de la matière agrégée et ne réitéreront jamais l'étreinte primordiale. Ils erreront indéfiniment, pendant des milliards d'années, assistant à la formation des étoiles et des galaxies, d'immenses distributions de matière qu'ils continueront à traverser avec leur délicatesse habituelle, sans se faire remarquer.

Leur histoire évolutive sera différente, mais le souvenir de l'âge d'or demeure inscrit de manière indélébile dans leur température ; cet âge très chaud et magique où eux aussi jouaient à cache-cache avec la matière et s'accouplaient librement avec une multitude de particules. Aujourd'hui, 13,8 milliards d'années après, les très vieux neutrinos cosmologiques (on les appelle ainsi pour les distinguer des neutrinos produits plus récemment par les étoiles) continuent encore à vagabonder un peu partout. Selon nos calculs, chaque centimètre cube de l'univers devrait en contenir 600, ce qui semble un chiffre respectable, mais les neutrinos interagissent si faiblement avec la matière que personne n'a pu jusqu'à présent recueillir de preuves de leur existence. Pourtant, nous sommes sûrs qu'ils sont toujours là, tout autour de nous ; nous avons même une idée de leur température qui, en raison de l'expansion de l'univers, devrait être aujourd'hui de 1,95 kelvin.

Pour l'instant, la recherche du signal des neutrinos cosmologiques n'a pas donné de résultats significatifs ; seuls des indices de leur présence ont été découverts. Si une nouvelle technique venait à les révéler, il serait alors possible d'étudier toutes les caractéristiques du fond cosmologique de neutrinos, tel que théorisé par tous les modèles du Big Bang. Cette mer de particules timides et polies qui nous entoure encore cache des secrets cruciaux pour comprendre ce qui s'est réellement passé lorsque l'univers a soufflé la bougie de sa première seconde de vie.

Ils formeront le cœur des étoiles

À la fin de la première minute, il y a désormais sept protons pour chaque neutron, et la densité d'énergie est tombée au point où ils peuvent commencer à s'agréger pour former les noyaux des éléments plus légers.

C'est un moment crucial, car la densité et la température de l'univers à ce stade sont comparables à celles des étoiles. Les protons et les neutrons, impliqués dans des collisions très énergétiques, peuvent réagir et former des états liés par la force forte. Lorsqu'un proton fusionne avec un neutron, il devient un noyau de deutérium ; si deux noyaux de deutérium s'unissent, ils donnent naissance aux premiers noyaux d'hélium. L'élément léger, dont le noyau est formé de deux protons et de deux neutrons, porte le nom du dieu grec du Soleil, et en effet, tout l'hydrogène qui alimente l'immense fourneau nucléaire des étoiles finit par se transformer en hélium.

Pour former son noyau, deux noyaux de deutérium doivent fusionner, un processus qui advient très facilement. Ce noyau à quatre éléments est très stable, car il implique une énergie de liaison très élevée. Tous les neutrons libres résiduels sont capturés dans ces quatuors et disparaissent de la scène. Les noyaux d'hélium finissent par représenter environ 24 % de la masse totale. Le reste, environ 75 %, est constitué de protons demeurés « célibataires », prêts à se transformer en atomes d'hydrogène dès que les conditions le permettront ; ici et là, on trouve à l'état de traces des noyaux légèrement plus lourds, comme ceux du lithium et du béryllium.

Il ne faut que trois minutes pour que tous les noyaux primordiaux de l'univers se forment. Après cette période, la température et la densité ne seront plus en mesure d'entretenir les réactions nucléaires. Et c'est une bonne chose, car si le processus s'était poursuivi trop longtemps, l'univers aurait consommé une grande quantité de protons libres pour construire des noyaux plus lourds. Si cette phase avait duré ne serait-ce que dix minutes, presque tout l'hydrogène aurait disparu.

L'abondance d'hélium dans l'univers est une nouvelle confirmation de la théorie du Big Bang. Cet élément est également produit dans le cœur des étoiles, mais sans l'hélium primordial, les chiffres ne seraient pas cohérents. Même si toutes les étoiles de l'univers brûlaient de l'hydrogène pendant 14 milliards d'années, elles ne pourraient pas produire l'abondante quantité d'hélium qui a été mesurée.

Les noyaux créés à ce moment-là ne subiront aucune transformation pendant des milliards d'années, et ils constituent encore aujourd'hui la majorité des noyaux existants dans l'univers. Beaucoup plus tard, les noyaux des éléments lourds du tableau périodique, issus des immenses fours nucléaires des étoiles les plus massives, viendront les rejoindre.

Des calculs théoriques ont estimé que si la différence de masse entre le proton et le neutron avait été ne serait-ce que légèrement supérieure, les conséquences auraient été désastreuses. Un rien, le battement d'ailes d'un papillon, aurait induit une suite de catastrophes : le rapport entre protons et neutrons aurait été considérablement modifié, nous aurions eu beaucoup plus d'hélium et beaucoup moins d'hydrogène. En bref, il n'y aurait pas eu assez d'hydrogène pour déclencher les réactions nucléaires dans les premières étoiles. Tout serait resté enveloppé, pour toujours, dans les ténèbres les plus sombres ; l'univers serait un espace immense, triste et noir ; sans étoiles, il n'y aurait pas eu d'éléments lourds et pas de matière première pour organiser des planètes rocheuses ; les conditions pour que des formes de vie élémentaires se développent n'auraient jamais été réunies et personne n'aurait jamais admiré la voûte étoilée.

Heureusement, les choses en sont allées autrement. Le funambule qui courait sur son fil semblait pouvoir trébucher à tout instant ; le public retenait son souffle, craignant une tragédie imminente. Avec élégance et légèreté, il a toutefois toujours trouvé son équilibre et termine sa performance sous les applaudissements.

Beaucoup de temps s'écoulera avant que l'énergie ne diminue suffisamment pour permettre aux premiers atomes d'hydrogène de se former. Il faudra attendre que la température de l'univers soit suffisamment basse pour que le lien électromagnétique qui permet aux électrons de graviter autour des protons du noyau ne puisse être rompu. Mais à la fin du troisième jour, des progrès très importants ont été réalisés, alors que seulement trois minutes se sont écoulées depuis le début de la grande aventure.

Le quatrième jour

Et la lumière fut, enfin

Après ces premières minutes intenses intervient un changement de rythme brutal, totalement inattendu. La séquence paroxystique de transformations traversée jusqu'ici par l'univers s'arrête soudainement et tout ralentit à tel point que nous avons l'impression de perdre le fil. Nous venions à peine de nous remettre du *crescendo prestissimo* qui ouvrait la symphonie et nous aspirions à un tempo régulier et rassurant ; au lieu de cela, nous nous enfonçons dans un *larghissimo* qui semble ne mener nulle part.

Les processus sont désormais infiniment plus lents et les époques s'allongent à outrance. Il faudra faire preuve de beaucoup de patience pour assister aux transformations les plus importantes. Après la formation des noyaux des éléments légers, rien d'important ne se produit pendant des centaines de milliers d'années. Sauf que tout continue à s'étendre et à se refroidir.

Pendant une période de temps interminable, un brouillard sombre emplit l'univers : un monde opaque de particules élémentaires et de noyaux, entremêlés et immergés dans une mer de photons et d'électrons. Des particules inconnues de matière noire participent clandestinement à cette sarabande qui n'en finit pas. Aucune structure, aucune hiérarchie, aucune organisation ne se dessine. Rien.

Pas un seul rayon de lumière ne parvient à traverser ce plasma sombre et inquiétant. Les électrons et les photons se poursuivent les uns les autres, comme s'ils jouaient à chat. Constamment absorbés puis émis par le gaz dense d'électrons qui pénètre partout, les photons sont incapables d'échapper à cette étreinte suffocante.

Le règne opaque des ténèbres durera des centaines de milliers d'années. Aucun scénario de *dark fantasy* ne peut rivaliser avec l'atmosphère lugubre de ces étendues sans fin, sombres et désespérantes.

La clé de la transformation vient, comme toujours, de la température, qui chute irrémédiablement au fur et à mesure que l'univers s'étend. Tout change vers 3 000 kelvins, environ la moitié de la valeur mesurée à la surface du Soleil. À ce stade, le brouillard opaque commence à se dissiper. Avec la baisse de température, l'énergie cinétique des électrons diminue et ils ne sont plus en mesure de rompre leurs liaisons avec les protons. L'attraction électromagnétique prévaut : les myriades d'électrons qui erraient partout, libres et sauvages, sont domptées par le champ électromagnétique. Ils seront désormais contraints d'orbiter autour d'un noyau chargé.

Les premiers atomes se forment – principalement de l'hydrogène et de l'hélium. Ils surgissent de partout, le plasma se décompose en une quantité monstrueuse de gaz qui absorbe implacablement tous les noyaux et toute la population d'électrons. La matière commence à prendre une forme neutre et stable. Nouveauté du moment : les atomes permettront de construire des structures toujours plus compliquées, qui déclencheront à leur tour d'autres transformations.

Alors que les électrons se résignent à la fin de leur liberté, piégés dans les confortables coquilles des orbitales atomiques, pour les photons, c'est la fin d'un long esclavage. Soudainement émancipés, ils peuvent désormais courir librement et célèbrent cette nouveauté en apportant la lumière partout. L'univers devient soudain transparent et une immense lueur le traverse.

Depuis lors, les photons vivent en liberté, rebondissant sur tous les objets. Avec le temps, ils perdent de l'énergie et leur fréquence diminue, un signe évident de déclin. Plongés dans un bain thermique de plus en plus froid, ils continueront à osciller de plus en plus faiblement, mais porteront toujours en eux le souvenir indélébile de l'époque où les radiations dominaient le monde et où la matière organisée en atomes n'existait pas encore.

Quoi qu'il en soit, la lumière est là, enfin. Elle s'est fait attendre et cela n'a pas été sans mal, mais la voici, comme le raconte la Bible. Le quatrième jour vient de se terminer et 380 000 ans se sont écoulés.

Un monde sans lumière et peuplé d'entités obscures

Après les premières minutes pendant lesquelles se forment les noyaux, il ne se passe plus grand-chose pendant des milliers d'années. L'expansion et le refroidissement de l'univers se poursuivent : sa taille dépasse bientôt le millier d'années-lumière et il continue de croître, alors que la température se mesure encore en millions de degrés. Un objet énorme, chaud et sombre. Un monde infernal, sans lumière et peuplé d'entités obscures.

Une sorte de brouillard opaque et impalpable l'emplit et l'enveloppe. Un aérosol d'électrons, de photons et d'autres particules élémentaires entoure les protons, les noyaux d'hélium ainsi que les rares éléments légers qui se sont formés.

La température est encore trop élevée pour que la matière s'agrège par attraction électromagnétique. Les protons et les noyaux d'hélium, chargés positivement, tentent de se lier aux électrons qui voltigent autour, en vain. L'agitation thermique rend les électrons si énergétiques que même si une liaison se formait, elle se romprait en une fraction de seconde. La force d'attraction est trop faible pour rivaliser avec la furieuse énergie cinétique qui les emporte. La patience est de mise ; la température devra encore baisser considérablement pour que nous puissions célébrer le grand triomphe des liaisons électromagnétiques.

Toutes les particules matérielles voyagent immergées dans un bain de photons qui partagent la température du système, mais il n'y a aucune trace de lumière. La densité du brouillard étrange qui enveloppe l'univers est si élevée que chaque photon est continuellement absorbé et immédiatement réémis.

L'étreinte des photons avec la matière, surtout avec les électrons, est étouffante et ne leur laisse aucune liberté ; leur libre parcours moyen couvre des distances ridiculement petites. Chaque fois qu'ils sont émis par un électron qui entre en collision ou qui est accéléré, ils partent en espérant parcourir de longues distances vers l'infini, mais sont immédiatement avalés par quelque chose d'autre, sans même avoir le temps de réfléchir à leur triste sort, le cycle infini d'émission et d'absorption recommençant déjà.

Dans l'obscurité de ce monde étrange se cachent des formes de matière très mystérieuses. Nous en avons peu parlé jusqu'à présent car nous ne savons pas exactement de quoi il retourne. Il est donc difficile de les situer précisément dans la séquence d'événements qui nous a menés jusqu'ici. Mais à l'ère de l'opacité, une grande partie de la matière noire est déjà présente dans l'univers.

L'hypothèse selon laquelle l'univers contient de grandes quantités de matière non lumineuse a été émise pour la première fois en 1933 par Fritz Zwicky, un astrophysicien suisse particulièrement imaginatif et doté d'un sens de l'humour irrévérencieux. On raconte que lorsque d'autres scientifiques mettaient en doute ses théories, il les insultait en les traitant de « bâtards sphériques ». Zwicky expliquait alors au sceptique interloqué qu'il était un bâtard sous tous points de vue, à 360 degrés, en somme.

Alors qu'il travaille sur l'amas de la Chevelure de Bérénice, un agglomérat dont on sait aujourd'hui qu'il contient plus d'un millier de galaxies, Zwicky remarque une anomalie dans les vitesses des galaxies situées au bord de l'amas. La distribution de la masse visible, calculée à partir de la lumière, ne suffit pas à rendre compte de leur mouvement. Les effets de la gravité ne sont pas assez puissants pour expliquer les orbites aussi rapides des galaxies les plus externes. Le système se comporte comme si le volume de l'amas recélait beaucoup plus de matière. Zwicky calcule qu'une masse bien plus importante doit intervenir, qu'il appelle « matière noire », car elle n'émet pas de lumière et reste cachée dans l'obscurité du cosmos. Pendant longtemps, sa théorie est tournée en dérision et le nombre de « bâtards sphériques » ne diminue pas, bien au contraire.

Ce sont les travaux de Vera Rubin, la digne héritière d'Henrietta Leavitt (l'astronome américaine qui a inventé la méthode des céphéides pour mesurer les grandes distances), qui changent la donne. Dans les années 1960, Rubin est encore l'une des très rares femmes astronomes à avoir accès à de grands télescopes. Lorsqu'elle arrive à l'observatoire Palomar, en Californie, il n'existe que des toilettes pour hommes, les constructeurs de l'observatoire le plus moderne du monde n'ayant pas prévu que le sexe dit « faible » puisse y travailler un jour.

Rubin mesure systématiquement la vitesse de rotation des étoiles dans les galaxies spirales. Elle commence par Andromède et constate que les étoiles situées à sa périphérie orbitent à une vitesse comparable à celle des étoiles intérieures. Or l'attraction gravitationnelle produite par la seule matière lumineuse impliquerait que la vitesse de rotation décroisse en allant vers la périphérie. Des observations similaires pour le mouvement de galaxies entières au sein d'amas aboutissent à une conclusion inévitable : Zwicky le farfelu avait raison. Les calculs de Rubin montrent qu'il doit y avoir au moins cinq fois plus de matière noire que de matière lumineuse. Les galaxies spirales sont immergées dans un gigantesque halo de matière totalement inconnue, sans lequel elles se seraient désintégrées depuis des temps immémoriaux.

Dans la seconde moitié du XXe siècle, les preuves expérimentales de la présence de la matière noire se font de plus en plus nombreuses. Les différentes méthodes d'investigation aboutissent toutes au même résultat : des preuves indirectes de l'existence de la matière noire ont été obtenues en mesurant les vitesses de rotation dans l'immense nuage d'hydrogène qui entoure de nombreuses galaxies, et en utilisant l'effet de lentille gravitationnelle. Ce dernier phénomène a également été prédit par Zwicky, qui l'a décrit comme une conséquence nécessaire de la relativité générale. L'astronome suisse à l'imagination fertile avait compris avant les autres qu'une forte concentration de masse peut déformer l'espace-temps au point de créer les mêmes effets optiques qu'une lentille. Les rayons lumineux qui traversent la zone déformée, s'ils sont déviés, produisent des artefacts incroyables. La même étoile ou galaxie peut apparaître deux, trois ou quatre fois dans l'image recueillie par le télescope.

Ces fantômes, ces images démultipliées qui pourraient laisser penser que l'observateur a trop bu et voit soudain double, sont en fait de nouveaux instruments de mesure qui nous permettent d'intercepter des formes de matière autrement invisibles. Et ils corroborent également l'abondance de la matière noire dans l'univers.

Malgré des confirmations expérimentales de plus en plus convaincantes, et bien que personne n'ait jamais osé remettre en cause la pertinence de sa découverte, le comité Nobel n'a jamais attribué à Vera Rubin le prix qu'elle méritait. Personne ne sait pourquoi.

Il est maintenant établi qu'environ un quart de l'univers est constitué de matière noire, même si nous ne savons pas encore à quoi nous avons affaire.

Certains pensent qu'il pourrait s'agir d'un gaz de neutrinos, mais ceux-ci sont trop légers pour provoquer les effets gravitationnels observés. Si les théories supersymétriques se révélaient exactes, des familles entières de nouvelles particules très lourdes aux noms étranges pourraient fournir une explication à la matière noire. Mais comme aucune particule supersymétrique n'a été découverte jusqu'à présent, l'hypothèse selon laquelle le halo entourant les galaxies serait constitué de gravitinos ou de neutralinos est pour l'instant totalement arbitraire.

La chasse à toutes sortes de particules lourdes et à faible interaction qui permettraient d'éclaircir le mystère se poursuit avec des expériences de plus en plus sophistiquées dans de grands laboratoires souterrains, des appareils en orbite terrestre et des accélérateurs toujours plus puissants, sans résultat jusqu'à présent.

Certains pensent qu'au lieu de chercher des objets lourds, nous devrions concentrer notre attention sur des particules neutres et ultra légères, appelées « axions ». Le nom porte la griffe d'un autre savant à l'humour corrosif, Franck Wilczek, et fait allusion à une célèbre marque de lessive des années 1950, la nouvelle particule étant censée « nettoyer » une fois pour toutes les anomalies qui entachaient la théorie. Les axions seraient des corpuscules évanescents, extrêmement légers, dont l'existence expliquerait de minuscules irrégularités dans la désintégration des particules connues. Ils seraient censés interagir avec la matière ordinaire presque exclusivement à travers la gravité. Mais cette hypothèse n'a pas été confirmée et la chasse continue.

Quelle que soit la solution de l'énigme, la matière noire a certainement fait son entrée lors de l'une des premières phases, peut-être juste après la phase d'inflation. En se refroidissant comme tout le reste, elle a commencé à montrer de minuscules différences de température dans sa distribution d'énergie initialement parfaitement homogène. Ces différences proviennent de fluctuations quantiques primordiales amplifiées par l'expansion inflationnaire et de l'interaction avec la mer turbulente de photons tourbillonnant en tous sens.

Là où nous nous trouvons, à l'ère de l'opacité, nous l'imaginons comme un filet extrêmement fin, une toile d'araignée ténue, mais très serrée, qui se fond dans l'ensemble en enveloppant tout. Sa distribution spatiale ne joue pas pour l'instant un rôle notable dans la dynamique de ce plasma sombre, mais le mécanisme de concentration qui va bientôt se déclencher poussera la matière à se condenser aux endroits où d'infimes fluctuations de masse se vérifient. Les nœuds les plus denses de cette toile subtile constitueront la trame sur laquelle notre monde matériel commencera à s'épaissir. Là naîtront les premières étoiles et fleuriront les germes de galaxies.

L'heure de la matière sonne

Le règne ténébreux de l'opacité dure si longtemps qu'il semble que rien ou presque n'est en mesure d'en rompre les équilibres.

Toutefois, dès que la température descend en dessous de 3 000 kelvins, l'irréparable se produit. Cette valeur marque un seuil, au-delà duquel se déclenche une séquence de phénomènes irréversibles et interdépendants. Des centaines de milliers d'années se sont écoulées depuis le Big Bang, et jusqu'à ce moment précis, les composants de la matière sont restés totalement immergés dans la mer de photons du rayonnement cosmique, partageant sa température. L'équilibre thermique est garanti par leurs interactions continues, que la forte densité rend frénétiques. Mais voilà que l'expansion porte l'univers à un point où la situation bascule.

Tout dérive d'une différence de comportement du rayonnement et de la matière qui mérite d'être soulignée. L'expansion de l'univers fait augmenter le volume avec le cube de son rayon : comme un ballon qu'on gonfle, lorsque le rayon double, le volume est multiplié par huit. La densité de matière et d'énergie diminue donc à mesure que le volume augmente, en proportion inverse du rayon au cube. Cependant, pour les photons du rayonnement, un mécanisme supplémentaire entre en jeu et réduit encore leur densité. Avec l'étirement de l'espace, leur longueur d'onde augmente et leur énergie diminue en conséquence. En bref, la densité d'énergie due au rayonnement diminue plus rapidement que la densité d'énergie due à la matière. Lorsque le rayon double, la densité d'énergie due au rayonnement est divisée par seize, tandis que celle due à la matière n'est divisée que par huit.

À long terme, l'équilibre se rompt de manière catastrophique : 380 000 ans après le Big Bang, le rayonnement se sépare de la matière et leurs destins suivront à partir de ce moment des chemins complètement différents. La densité des photons diminue à un point tel que les interactions avec les électrons et les protons deviennent de plus en plus rares et l'équilibre thermique est rompu. Un long déclin s'amorce ; le rayonnement, qui avait jusqu'alors dominé le monde, aura de moins en moins de poids et d'importance, jusqu'à devenir une composante insignifiante de la masse totale de l'univers.

Bientôt, la température chutera au point où l'énergie potentielle de la liaison électromagnétique entre les électrons et les protons dépassera l'énergie cinétique de l'agitation thermique. Les électrons pourront alors se lier définitivement aux protons, ce qui permettra aux premiers atomes de se former : l'hydrogène et l'hélium, puis le lithium, le béryllium et quelques autres composants légers. Libérés des interactions continues avec les photons, les atomes trouveront leur stabilité.

De cette nouvelle organisation émerge la matière neutre, qui interagira de moins en moins avec le rayonnement. Un immense nuage raréfié d'hydrogène et d'hélium occupera tout l'univers et son évolution déterminera le reste de l'histoire. Après des millénaires de domination de l'univers par le rayonnement, une séparation traumatique marque le début de l'âge de la matière. La nouvelle époque conduira à la formation des galaxies, des étoiles et des planètes et au développement de formes matérielles complexes, les organismes vivants. Un nouveau règne s'instaure, qui durera des milliards d'années et dont, pour l'instant, nous ne voyons pas la fin.

Quant aux photons, une fois définitivement libérés des liens qui les emprisonnaient, échappant à cette étreinte qui semblait inextricable, ils voyagent enfin partout à leur guise. La mer de photons se retire de la matière, mais occupe tous les espaces laissés libres par les atomes nouvellement formés, apportant une nouvelle forme d'énergie. L'univers devient transparent, permettant à la lumière de le traverser de part en part. Cette lueur est très différente de la lumière blanche à laquelle nous sommes habitués ; si nos yeux pouvaient être témoins de ce nouveau phénomène, nous verrions une sorte d'éclair rougeâtre. C'est une lumière chaude se situant dans le spectre au-delà du rouge foncé, qui marque la limite supérieure des longueurs d'onde visibles par les humains. Curieusement, elle ressemble beaucoup à la lumière émise par la télécommande de la télévision pour changer de chaîne. Mais il ne peut y avoir aucun doute : c'est bien de la lumière. L'univers est transparent et la lumière le traverse.

Des messages secrets cachés dans un mur

Deux fois par an, le Mur des Lamentations de Jérusalem, le site le plus sacré pour la religion juive, est débarrassé de toutes les prières que les fidèles, selon une ancienne coutume, glissent dans les interstices entre les pierres. À l'aide de longs bâtons, le rabbin et ses assistants extraient soigneusement et délicatement les petits bouts de papier entassés dans les fentes, pour faire de la place à celles qui les remplaceront dans les mois suivants. Les notes ne sont pas jetées, mais enterrées dans le cimetière juif du mont des Oliviers, une petite colline non loin de la vieille ville.

Le Mur occidental, ainsi qu'on le nomme en hébreu, a été construit par Hérode le Grand, roi de Judée pendant l'occupation romaine. Les travaux qui devaient consolider la colline sur laquelle était édifié le Second Temple, le site le plus saint de la religion juive, commencent en l'an 19 avant notre ère et se terminent en 64 après notre ère. Six ans plus tard, les troupes de Titus profanent le lieu saint et rasent le temple, qui n'a jamais été reconstruit. Pour les Juifs, c'est la fin d'un monde, une sorte d'apocalypse. Le mur de soutènement construit par Hérode est le seul vestige de la construction originale et sera à partir de ce moment vénéré par tous les croyants comme un lieu de prière et un rappel de l'événement le plus traumatique et le plus douloureux de l'histoire du judaïsme. Pendant des siècles, les gens se rendent au mur pour pleurer et prier, commémorant le terrible malheur ayant conduit à la diaspora. Ce sont les habitants de Jérusalem qui lui donnent le nom de Mur des Lamentations, car les pèlerins ne pouvaient contenir la douleur et l'émotion qu'ils ressentaient en touchant ces pierres anciennes, sur lesquelles ils posaient leurs paumes et leurs fronts pour prier.

Dès le Moyen Âge, les pèlerins laissent des traces de leur passage : des gravures, des graffitis, voire l'empreinte de leurs mains trempées dans la chaux. Au fil du temps, ces coutumes, qui risquaient de détériorer irrémédiablement les pierres anciennes, sont interdites et remplacées par l'insertion de minuscules morceaux de papier dans les fissures du mur. La tradition s'est maintenue, mais les visiteurs sont aujourd'hui si nombreux qu'il est nécessaire de vider périodiquement les petites cavités pour faire de la place aux billets des visiteurs suivants. Ces notes manuscrites contiennent des prières ou des demandes d'aide. Ce sont des invocations très personnelles, qui dévoilent souvent les souffrances et les secrets des familles de ceux qui les déposent. Les espoirs et les peines d'innombrables générations de croyants s'accumulent et trouvent refuge entre les pierres du Mur.

Quelque chose de similaire se produit dans un autre type de mur, beaucoup moins matériel et certainement moins tangible que le Mur des Lamentations, mais immensément plus ancien. Je veux parler du mur du fond diffus cosmologique.

La lumière qui s'est séparée de la matière à une époque lointaine a conservé la mémoire de cette expérience traumatisante pendant des milliards d'années. Les photons primordiaux, les premiers à connaître l'ivresse de la liberté, sont encore tout autour de nous, remplissant le cosmos de toutes parts. Au fil du temps, leur température est tombée de 3 000 kelvins à un peu moins de trois. Depuis la séparation, la taille de l'univers a été multipliée par plus de 1 000 et l'étirement de l'espace-temps a considérablement augmenté leur longueur d'onde. Maintenant, ils n'oscillent plus dans les fréquences infrarouges ; leur chant est devenu beaucoup plus grave, presque inaudible, pour finir dans la région des micro-ondes. Oui, c'est à peu près le même rayonnement que nous utilisons dans notre cuisine pour décongeler quelque chose. Et en effet, l'univers entier, qui ne peut échanger de l'énergie avec un autre système, se comporte comme un gigantesque four à micro-ondes, un énorme corps noir qui suit les mêmes lois.

Ce qui est merveilleux, c'est que les marques indélébiles de cette époque sont restées imprimées dans la mer de photons du fond diffus cosmologique, comme les fossiles que l'on trouve à l'intérieur de certaines roches. Le dernier contact avec la matière, un instant avant la séparation, a laissé des traces caractéristiques, qui se sont progressivement estompées, mais permettent encore d'arracher des informations précieuses et de remonter à l'époque où matière et rayonnement allaient de pair, voire encore plus loin.

Le rêve de tout scientifique est de remonter suffisamment loin dans le temps pour assister en direct, en regardant dans un télescope, à la naissance de l'univers : au Big Bang, rien de moins. En utilisant la lumière, les photons du rayonnement électromagnétique, ce rêve se révèle rapidement impossible, car vers 380 000 ans après l'événement fondateur, nous nous heurtons à une sorte de mur, une barrière infranchissable qui ne nous permet pas de voir directement ce qui s'est passé avant. Toutefois, dans les fissures de ce mur, dans ces minces interstices que l'on distingue à peine derrière l'apparente compacité, des informations précieuses nous attendaient. En les rassemblant et en les interprétant, les scientifiques ont pu percer les secrets du moment où la domination de la matière a commencé et ont recueilli des données inestimables sur ce qui était advenu auparavant, allant même jusqu'à effleurer le moment de la première grande transformation, celle marquée par l'inflation cosmique.

Un récit très détaillé

Le fond diffus cosmologique, ou FDC, est notre source d'information la plus précieuse sur l'origine de l'univers et ses transformations.

Depuis sa découverte par Penzias et Wilson en 1964, des expériences de plus en plus sophistiquées ont conduit à un nombre impressionnant de résultats. Le FDC peut être comparé à une mine dont les filons extrêmement riches nous ont déjà fourni une énorme quantité de données. Mais il reste encore beaucoup à faire et nous savons qu'il existe des filons cachés, jusqu'ici inexploités, qui renferment des informations très précieuses.

En reconstruisant les photons de basse énergie dont il est constitué, qui proviennent de toutes les directions, il est possible d'obtenir une image de l'ensemble de la voûte céleste pleine d'enseignements.

Sa première caractéristique est l'extrême homogénéité de la distribution des températures. Le FDC a un spectre de corps noir idéal et le rayonnement est si faible que la température de l'univers est de 2,72 kelvins au-dessus du zéro absolu. L'hypothèse selon laquelle l'univers se comporte comme un immense four idéal, parfaitement isolé, est correcte. Les photons primordiaux, qui ont continué à se refroidir pendant des milliards d'années après s'être séparés de la matière, se souviennent encore d'avoir été en équilibre thermique avec elle pendant 380 000 ans. Le flux de rayonnement est uniforme dans toutes les directions, mais il existe de minuscules zones avec de très faibles différences de température qui présentent une structure très caractéristique.

Ces irrégularités (ou anisotropies) dans la distribution de la température ont été étudiées en détail, car elles contiennent des informations précieuses sur le déroulement des premiers instants de la vie de l'univers. Comme les petits papiers coincés dans les fissures du Mur des Lamentations, elles nous racontent des secrets et des histoires lointaines. Elles montrent l'empreinte, laissée dans le rayonnement, des fluctuations quantiques qui ridaient la minuscule bulle qui a émergé du vide, avant que l'inflation ne la gonfle hors de toute proportion. Ces portions d'espace autrefois infinitésimales atteignent maintenant des tailles monstrueuses et couvrent la superficie d'amas entiers de galaxies. Dans le ciel psychédélique reconstitué par les expériences les plus modernes, comme celle du satellite *Planck* qui a terminé sa mission en 2013, nous observons le règne de la mécanique quantique étendu à l'échelle galactique.

Le fond diffus cosmologique par le satellite *Planck*

Le vieux préjugé selon lequel la théorie de Planck et de Heisenberg n'expliquerait que les phénomènes de l'infiniment petit a définitivement été dépassé par les données d'observation. Le FDC fournit une carte claire et lisible de la densité de la matière au moment de la séparation avec les photons. Chaque minuscule différence locale de température peut être attribuée à une différence de densité de la matière à l'instant où les photons ont subi leur dernière diffusion, un moment avant leur séparation finale. Ceci nous permet de visualiser l'énorme toile d'araignée cosmique le long de laquelle se sont amalgamés les premiers germes de galaxies.

En analysant en détail la distribution des petites inhomogénéités et leur taille, il est possible de retirer des informations précieuses sur la géométrie de l'univers.

Un univers fermé ou ouvert déformerait de manière caractéristique l'image de ces objets aussi éloignés, car les photons voyageraient selon des trajectoires convergentes ou divergentes. La taille et la distribution angulaire de ces inhomogénéités confirment sans équivoque que notre univers est plat. Cela implique que la densité de la matière est très proche de la densité critique. Le fond diffus cosmologique nous apporte donc une confirmation supplémentaire de la présence de matière noire et d'énergie sombre dans des proportions qui peuvent désormais être établies avec précision. Les données les plus récentes nous apprennent que l'univers est composé de 68 % d'énergie sombre, de 27 % de matière noire et de seulement 5 % de matière ordinaire, dite « baryonique ».

En simulant les effets de déformation de l'image dus à la matière noire qui courbe l'espace-temps, il est possible de reconstruire une carte de sa distribution. L'effet de lentille gravitationnelle nous permet de dériver une image tridimensionnelle de la distribution de la matière noire dans l'univers à partir du FDC. Connaître en détail l'organisation de cette fine toile cosmique nous aide à mieux comprendre les mécanismes qui ont conduit à la formation des premières étoiles et galaxies.

L'analyse quantitative de la distribution des fluctuations de température primordiales dans le fond diffus cosmologique est l'une des confirmations les plus solides de la théorie de l'inflation. Les mesures de sa polarisation devraient cependant nous fournir de nouveaux résultats plus complets.

La polarisation d'un rayonnement indique si les ondes électromagnétiques vibrent dans une direction privilégiée. C'est sur ce mécanisme que repose le succès des lunettes de soleil polarisantes. Les réflexions du Soleil sur la surface de l'eau, par exemple, sont composées de lumière polarisée, c'est-à-dire que le champ électromagnétique du faisceau réfléchi n'oscille que sur le plan horizontal. Si vous utilisez un filtre vertical, c'est-à-dire de fines lames ne laissant passer que les ondes qui oscillent verticalement, les réflexions gênantes seront absorbées. Les verres polarisés sont des lentilles en verre ou en plastique à l'intérieur desquelles des filtres verticaux absorbent les réverbérations de la lumière qui causent éblouissement et gêne visuelle.

Le fond diffus cosmologique est polarisé par l'interaction avec le milieu matériel et transporte donc avec lui des informations supplémentaires sur l'histoire du cosmos. Cette caractéristique nous en dit plus sur le dernier contact entre le rayonnement et la matière. Des formes de polarisation linéaire peuvent être liées à la densité de la matière, ce qui nous donne des détails supplémentaires, par exemple sur la distribution de la matière noire au moment de la séparation.

Des expériences récentes ont réussi à mesurer cette faible polarisation et ont fourni des résultats importants. La polarisation la plus recherchée, jusqu'à présent sans succès, est de type vortex et aurait été produite par l'interaction des photons avec les ondes gravitationnelles primordiales. Il s'agit d'un effet encore plus subtil, une très faible polarisation masquée par des phénomènes similaires produits par la poussière intergalactique. Un véritable cauchemar pour les physiciens expérimentaux.

Si le signal laissé par la dernière rencontre entre les photons et les ondes gravitationnelles était identifié, il s'agirait d'une empreinte indubitable de l'inflation. Cette étrange polarisation, que l'on cherche à identifier depuis des décennies, pourrait être la clé pour déverrouiller le coffre qui renferme encore les nombreux secrets de la phase inflationnaire. Elle nous permettrait par exemple de déterminer l'échelle d'énergie à laquelle les fluctuations initiales ont été générées dans les toutes premières fractions de la première seconde après le Big Bang.

Pour mieux comprendre l'inflation, les scientifiques ont malgré tout plusieurs cordes à leur arc. Afin de discriminer les différentes variantes de champs scalaires qui ont pu la déclencher, ils prévoient par exemple d'observer avec encore plus de précision les structures à grande échelle des premières galaxies. Leur distribution devrait suivre les traces des minuscules fluctuations du champ d'inflatons qui sont restées imprimées dans le fond diffus cosmologique grâce à l'expansion inflationnaire. Pour cela, il faudra recueillir le plus grand échantillon possible de galaxies primordiales, c'est-à-dire observer les galaxies les plus lointaines alors qu'elles étaient encore en formation ; c'est ce que vise une nouvelle génération d'expériences qui seront bientôt lancées dans l'espace. Avec l'aide des neutrinos cosmologiques et des ondes gravitationnelles fossiles, qui finiront par être identifiés tôt ou tard, nous devrions bientôt percer à jour les secrets de l'inflation ; à condition naturellement qu'un nouveau scalaire ne nous fasse pas la surprise de se dévoiler dans les données du LHC.

Nous voici à la fin du quatrième jour, 380 000 ans se sont écoulés depuis le Big Bang et l'univers entre dans une phase très intéressante : une chaîne de transformations d'où naîtra la première étoile. Une partie de la matière est sur le point de s'organiser en une forme nouvelle, dynamique et turbulente, qui illuminera l'univers et en fera un spectacle merveilleux même pour nos yeux à la sensibilité si limitée. Des fournaises énormes qui s'allumeront au cœur des étoiles naîtront des éléments lourds, destinés à produire d'autres formes d'agrégation plus pacifiques et moins turbulentes : les planètes. Là, ils seront transformés en roches, air, eau, plantes et animaux, nous compris. Nous sommes, littéralement, les enfants des étoiles ; si cette idée nous plaît, nous devons aussi accepter d'être les arrière-petits-enfants de ces fluctuations quantiques, amplifiées par l'inflation, sans lesquelles les premières étoiles n'auraient pu s'agréger.

Le cinquième jour

La première étoile s'allume

L'ère de la matière ne fait que commencer et le rythme des transformations se fait de plus en plus lent. Jusqu'à présent, la gravité, la plus faible de toutes les interactions, est restée quelque peu à l'arrière-plan. À partir de maintenant, sa présence commence à se faire sentir, d'abord délicatement, presque imperceptiblement, pour conquérir bientôt le devant de la scène.

Avec le découplage de la matière et du rayonnement, les choses sont plus claires. Le rayonnement s'est réparti uniformément dans tout l'espace disponible et l'univers est devenu transparent. Mais l'éclair rougeâtre qui avait marqué la dernière métamorphose s'évanouit lorsque l'expansion étire les longueurs d'onde au-delà du seuil du visible. L'univers est plein de radiations et encore très chaud, mais il est de nouveau plongé dans l'obscurité totale.

La matière se déplace lentement, sous l'action de la gravité, et se stabilise sous la forme d'atomes qui forment un immense nuage d'hydrogène et d'hélium. Protégé par l'obscurité, un énorme réseau de matière noire, déjà bien plus abondante que la matière ordinaire, enveloppe le cosmos.

De petites anomalies dans sa densité, résultat des fluctuations quantiques antérieures à l'inflation, ont connu une expansion spectaculaire et il se passe maintenant quelque chose autour de ces zones. Si nous pouvions transpercer les ténèbres qui dissimulent le spectacle, nous assisterions une augmentation lente, mais inexorable de la densité du gaz. Dans ces régions irrégulières aux contours effrangés, la densité est légèrement supérieure à la moyenne et la force gravitationnelle qui en résulte attire davantage de matière. Petit à petit, des agglomérats de plus en plus gros se forment et dans le même temps, la distribution de la matière acquiert une symétrie sphérique de plus en plus évidente.

Le processus est très lent et s'étale sur des centaines de millions d'années. Bien que la vitesse de progression soit quasiment imperceptible, l'avancée de la gravité est implacable : rien ne réussira plus à empêcher sa domination sur l'univers matériel qui vient de se former.

D'énormes concentrations de gaz s'accumulent autour des irrégularités; des corps sphériques à la masse gigantesque, au moins 100 fois plus lourds que le Soleil, commencent à émerger.

La force de gravité qui en dérive est monstrueuse : elle comprime le gaz, l'attirant de plus en plus violemment vers le centre du système, qui se réchauffe et ionise l'hydrogène. L'immense corps céleste est désormais constitué de gaz dans ses couches externes et d'un plasma très chaud au plus profond de son noyau. Sous le mors implacable de la gravité, la matière atteint des températures de plusieurs dizaines de millions de degrés, déclenchant la fusion nucléaire entre les noyaux d'hydrogène et ses isotopes. La réaction produit une quantité d'énergie titanesque, qui se répand partout sous la forme d'un flux ininterrompu de photons et de neutrinos.

Un éclair aveuglant de lumière visible flambe dans l'obscurité. L'univers est encore plongé dans les ténèbres, mais la nouvelle lumière commence à peine à parcourir les distances énormes du cosmos et sera bientôt rejointe par une myriade d'autres sources lumineuses.

La première étoile naît au cinquième jour. 200 millions d'années se sont écoulées.

Et dès lors, nous sortîmes revoir les étoiles

Il n'y a pas de vers plus puissant que celui choisi par Dante pour clore le cantique de *L'Enfer*[1]. Son hendécasyllabe distille le sentiment de consolation que la vue du ciel étoilé inspire aux humains depuis la nuit des temps. Le même état d'esprit suggère à Leopardi un incipit tout aussi mémorable : « *Savais-je, belles étoiles de l'Ourse, / Qu'un jour je viendrais vous revoir / Scintillant au-dessus du jardin de mon père* »[2].

Après avoir traversé le monde terrifiant des Enfers dont les ténèbres dissimulent angoisses et chairs tourmentées, ou au plus fort d'une réflexion amère sur une existence bien différente de celle que l'on avait imaginée, retrouver les

1. N.d.T. : Dante Alighieri, *La comédie*, traduction de Jean-Charles Vegliante. Bilingue, Gallimard, 2012.
2. N.d.T. : Traduction de Georges Nicole, révisée par Philippe Jaccottet. Canti, Ed. nrf Gallimard.

étoiles, immobiles dans le firmament, calme notre affliction et nous rassure. L'apparente persistance et immuabilité du ciel étoilé éloigne la peur du changement et de la catastrophe et nous réconforte en caressant notre désir enfantin de stabilité.

Et pourtant, lorsque nous les observons de plus près, ou si nous nous penchons sur les mécanismes qui agitent l'intérieur de ces astres merveilleux, nous nous retrouvons devant des processus matériels d'une violence inouïe. Il est difficile de trouver des systèmes plus instables et turbulents.

Une étoile comme notre Soleil nous paraît gigantesque, avec son rayon 100 fois supérieur à celui de la Terre, qui semble un point insignifiant en comparaison. Pourtant, il s'agit d'une naine jaune, une étoile de taille petite à moyenne, une parmi tant d'autres dans notre galaxie. Rien à voir avec les géants de la catégorie, comme l'étoile principale du système Eta Carinae, un monstre dont la masse est presque 100 fois supérieure à celle du Soleil. Mais nous verrons bientôt que dans le monde des étoiles, être petit présente des avantages évolutifs importants.

Le Soleil est une sphère presque parfaite de plasma incandescent, composée principalement d'hydrogène et d'hélium, dotée d'un champ magnétique et tournant sur elle-même en 25 jours. Sa température à la surface est proche de 6 000 kelvins, mais dépasse plusieurs millions de degrés lorsqu'on pénètre dans les couches internes. L'origine de cette énorme quantité d'énergie réside dans les mécanismes qui agitent le cœur de cette grande boule de gaz ionisé. L'immense concentration de matière produit une attraction gravitationnelle gigantesque, qui comprime les couches de plasma ; les températures augmentent à mesure que l'on s'approche du noyau ; au cœur de l'étoile, elles dépassent quinze millions de degrés, déclenchant des réactions de fusion thermonucléaire.

La fusion de deux noyaux légers est un processus qui produit une énorme quantité d'énergie. L'état lié final est plus léger que les deux noyaux de départ et la différence de masse est transformée en énergie développée par la réaction.

Le problème est qu'il n'est pas facile du tout de fusionner, par exemple, deux protons ou deux noyaux d'hydrogène. Comme ils ont tous deux une charge positive, ils se repoussent violemment lorsque vous essayez de les mettre en contact, c'est-à-dire de les amener à la distance pour laquelle la force d'attraction forte l'emporterait sur la répulsion électromagnétique. Cela ne peut se faire qu'en exploitant les collisions qui résultent de conditions extrêmes de température et de pression.

À l'intérieur du Soleil, sous la pression de l'immense force de gravité, ces conditions se réalisent, ou plutôt, s'en approchent suffisamment pour déclencher le phénomène. La plupart des protons ne participent pas à la fusion, à l'exception d'une fraction infinitésimale qui, en raison de fluctuations quantiques, parvient à franchir la barrière de potentiel. Le phénomène touche une masse d'hydrogène suffisamment grande pour produire une quantité importante d'énergie, mais suffisamment petite pour permettre à l'étoile de briller pendant des milliards d'années.

Au cœur du Soleil, les noyaux d'hydrogène et ses isotopes, le deutérium et le tritium, fusionnent pour former des noyaux d'hélium. L'énergie libérée par les réactions prend la forme de neutrinos et de photons de haute énergie. Les neutrinos traversent sans problème l'énorme sphère lumineuse et s'envolent librement vers les endroits les plus reculés de l'univers. Les photons rêveraient de faire de même, mais restent captifs, leur emprisonnement semblant ne jamais devoir prendre fin. En effet, lorsqu'ils traversent la matière ultra dense qui les entoure, les photons entrent en collision avec elle et sont continuellement absorbés et réémis par celle-ci. À force, leur énergie diminue et ils perdent leur direction initiale. Ils erreront dans ce labyrinthe infernal pendant des millions d'années, le cycle se répétant d'innombrables fois avant qu'ils ne parviennent à échapper à cette emprise. Jusqu'au jour où, alors que tout espoir semble perdu, ils finissent par émerger presque par accident à la surface. Enfin libres, ils pourront parcourir des distances infinies : ils voleront loin, à la vitesse de la lumière, pour réchauffer et illuminer tout ce qui les entoure.

La réaction thermonucléaire maintient l'ensemble du système dans un équilibre précaire. Dans les profondeurs du Soleil, un affrontement inégal oppose la gravité et la force forte. La plus faible des interactions, dont les effets ont longtemps été ignorés, prend sa revanche et contraint le premier de la classe, l'interaction forte qui la méprisait, à livrer bataille. Après avoir attiré tout l'hydrogène errant à proximité et l'avoir organisé dans la géométrie sphérique parfaite du Soleil, elle se sait invincible et peut lancer son cri de guerre.

Une pression terrible écrase la matière et tente de la fragmenter en ses composants élémentaires. Les protons confinés et forcés de participer à la fusion échappent momentanément à leur destin ; l'énorme quantité de chaleur dégagée par la formation des noyaux d'hélium tend à faire se dilater le plasma et à contrer l'emprise de la gravité. Une situation d'équilibre temporaire s'établit, intrinsèquement instable, car tôt ou tard, l'hydrogène s'épuisera. La bataille peut toutefois durer des milliards d'années.

Le milieu le plus turbulent qui soit, ravagé par des courants de convection, d'immenses tourbillons et de gigantesques jets de plasma, nous apparaîtra de loin comme un astre bienveillant et rassurant, et tous les peuples le chanteront comme un pilier de l'ordre qui régit le monde.

Pendant des millénaires, nous ignorerons tout de la lutte furibonde qui s'y déroule. L'issue de cette bataille épique est pourtant courue d'avance ; nous connaissons maintenant le nom du vainqueur et savons que l'effondrement de son adversaire, lorsque la défaite surviendra, aura des conséquences désastreuses.

La bataille qui opposa les dieux de l'Olympe guidés par Zeus et les Titans menés par Cronos a duré dix ans. À l'aide des foudres, de nouvelles armes forgées par les Cyclopes, et des lancers de pierres des Hécatonchiri, les géants aux 100 mains qui étaient ses alliés, Zeus vainquit les Titans et les plongea dans les profondes ténèbres du Tartare. La lutte à mort entre la gravité et la force nucléaire forte, qui a pour théâtre le centre du Soleil, durera bien plus longtemps. Il faudra dix milliards d'années pour épuiser l'hydrogène disponible, mais après, plus rien ne pourra contrer la gravité et ce sera la catastrophe.

L'âge héroïque des méga-étoiles

Les premières étoiles qui ont illuminé l'univers, 200 millions d'années après le Big Bang, étaient des étoiles très spéciales. On pense qu'elles étaient gigantesques, 100 ou 200 fois plus grandes que le Soleil, c'est pourquoi nous les appelons *méga-étoiles*. Elles se sont formées dans l'obscurité profonde des Âges sombres, usant de dizaines de millions d'années pour agréger les immenses quantités d'hydrogène nécessaires. Nous espérons en trouver une qui brillerait encore dans un coin reculé de l'univers, mais nos recherches n'ont pour l'instant donné aucun résultat.

Après la recombinaison, la matière ordinaire de l'univers est composée d'atomes ; elle est donc complètement neutre et continue de se refroidir. La gravité la concentre lentement autour des nœuds de plus forte densité de la distribution de matière noire qui enveloppe l'énorme nuage de gaz. Ces irrégularités se traduisent par des zones d'attraction gravitationnelle plus intense, qui forment ensuite des amas de matière de plus en plus massifs.

Les méga-étoiles primordiales ne naissent pas de manière isolée, mais constituent des groupes plus ou moins nombreux, s'organisant en grandes familles. Cette distribution spatiale, localement inhomogène, se reflétera dans la formation ultérieure des galaxies.

Les méga-étoiles sont très différentes des étoiles actuelles, non seulement par leur taille, mais aussi parce qu'elles ne sont composées que d'hydrogène et d'hélium. Elles sont totalement dépourvues d'éléments plus lourds, simplement parce que ceux-ci ne se sont pas encore formés. La synthèse des noyaux de carbone, d'azote et d'oxygène, des composants indispensables à la naissance et à l'évolution de structures plus complexes telles que les galaxies et les planètes, adviendra dans les couches les plus profondes de ces nouvelles étoiles.

Dans les étoiles naines comme le Soleil, héritières d'une longue chaîne de générations d'étoiles primordiales, ces éléments sont présents, mais ne participent pas significativement aux processus nucléaires dominés par la chaîne proton-proton. En revanche, les étoiles plus massives que le Soleil, qui atteignent des pressions internes et des températures bien plus élevées, peuvent déclencher d'autres réactions de fusion nucléaire en utilisant des éléments plus lourds. En particulier, à des températures suffisamment élevées, les noyaux de carbone, d'azote et d'oxygène peuvent jouer le rôle de catalyseurs de la fusion de l'hydrogène et accroître son efficacité. Ce processus constitue en soi une limite à la taille des étoiles les plus massives de l'univers actuel. Pour une masse supérieure à environ 150 fois celle du Soleil, les réactions nucléaires liées au cycle carbone-azote-oxygène se dérouleraient à une vitesse telle qu'elles conduiraient rapidement à la destruction de la structure stellaire.

Cette limite ne s'applique toutefois pas aux méga-étoiles : la vitesse de la chaîne proton-proton permet à elle seule de construire des monstres pouvant dépasser 300 masses solaires. Cependant, plus l'étoile est grande, plus le carburant s'épuise rapidement. La maxime *Small is beautiful* s'applique aux étoiles : être petit présente des avantages considérables. Le Soleil brûlera lentement, pendant des milliards d'années, tandis que les supergéantes, qui le regardent de haut en raison de sa taille, ont une vie très courte, d'un million d'années au maximum.

Les étoiles géantes qui ont commencé à briller dans l'univers primitif 200 millions d'années après le Big Bang sont imposantes, extrêmement lumineuses, mais leur vie est brève. Avec leur lumière, elles mettent fin à l'ère des ténèbres, mais leur existence est éphémère, comme celles les lucioles au printemps.

Les méga-étoiles passent par une série fixe d'événements, de réaction en réaction, et lorsqu'elles arrivent au terme de leur existence, elles explosent, répandant autour d'elles les nouvelles formes de matière qu'elles ont forgées dans leurs immenses creusets nucléaires. L'univers s'enrichit ainsi d'éléments tels que le carbone, l'oxygène et l'azote, et progressivement d'éléments de plus en plus lourds qui modifieront les réactions nucléaires des étoiles suivantes. Celles qui utilisent la matière distribuée dans l'espace par les méga-étoiles seront plus petites et moins lumineuses que leurs gigantesques ancêtres, mais elles vivront plus longtemps et pourront initier des transformations complexes qui nécessitent avant tout beaucoup de temps.

Tout comme les grands pachydermes du Jurassique ont cédé la place aux mammifères, plus petits et plus agiles, les méga-étoiles se sont éteintes en quelques centaines de millions d'années pour donner naissance à de nouvelles générations d'étoiles, de taille plus modeste, mais aussi plus aptes à survivre.

Recueillir les signaux de cette époque sombre et silencieuse au cours de laquelle se sont formées les premières étoiles est l'un des défis que doit relever la radioastronomie moderne. Le seul rayonnement émis par les grands nuages de gaz qui s'agrègent en méga-étoiles est ce que l'on appelle la *raie à 21 centimètres* de l'hydrogène neutre. Il s'agit d'un signal électromagnétique très caractéristique, émis par l'hydrogène dans la région des micro-ondes ; sa détection confirmerait que nous avons réussi à pénétrer dans l'obscurité des Âges sombres. Ce signal très faible provient d'une transition interdite de l'atome d'hydrogène, un phénomène très rare qui ne peut être observé qu'en mettant sous surveillance d'énormes quantités de gaz. Les radioastronomes ont réussi à le reconstituer en sondant les grandes nébuleuses d'hydrogène de notre galaxie, mais toutes les tentatives pour l'identifier dans le bruit de fond de l'univers ont échoué.

Si nous trouvons la raie à 21 centimètres, il sera alors possible d'établir une carte similaire à celle du FDC, ce qui nous donnerait une image très précise de la distribution de la matière durant les Âges sombres. Nous pourrions en effet reconstituer le mécanisme de formation des méga-étoiles dans tous ses détails et mieux comprendre le rôle de la phase de réionisation dans la formation des galaxies.

Avec le cycle frénétique de vie et de mort des grandes étoiles primordiales, un nouveau phénomène se produit : la lumière émise par les nouvelles étoiles est si intense que lorsqu'elle frappe l'hydrogène réparti dans l'espace environnant, elle ionise les atomes du gaz, les dépouillant de leurs électrons. Le phénomène est encore plus violent au moment de la mort d'une méga-étoile, lorsqu'un flash éblouissant marque la fin du combustible nucléaire. Lentement, la plus grande part de la matière de l'univers est complètement ionisée, revenant à l'état qui était le sien lors de la recombinaison, 380 000 ans après le Big Bang, et l'opacité augmente progressivement. C'est l'âge de la réionisation, qui commence quelques centaines de millions d'années après l'apparition des premières méga-étoiles.

Pendant une longue période, l'univers s'assombrit à nouveau, dans une alternance continue de lumière et d'obscurité qui ne semble jamais devoir prendre fin. Maintenant, l'univers est plein d'étoiles, énormes et très brillantes, mais il n'est plus transparent. Les électrons libres interagissent avec les photons émis par les étoiles, les affaiblissent et les capturent, ce qui les empêche de transmettre la lumière sur de longues distances. L'univers plonge derechef dans l'obscurité la plus totale.

Le processus se poursuivra pendant quelques centaines de millions d'années, le temps nécessaire pour ioniser tout l'hydrogène gazeux. La matière est redevenue un plasma, un état similaire à celui qui avait provoqué l'ère de l'opacité et pourrait théoriquement absorber toute la lumière produite. Mais l'univers continue de s'étendre et la densité se réduit de plus en plus jusqu'à devenir si faible qu'une fois le processus de réionisation terminé, tout redevient transparent. À partir de ce moment, un gaz chaud et ionisé imprègne l'ensemble de l'univers, mais sa densité est si faible que la lumière peut le traverser.

La lumière l'a finalement emporté sur les ténèbres, avant que l'univers ne célèbre son premier milliard d'années. La lutte a été rude et on a pu craindre qu'elle ne s'éteigne à jamais. Mais elle triomphe et cette fois, sa victoire est définitive.

Un incroyable feu d'artifice cosmique

Les processus nucléaires qui se sont déroulés au sein des méga-étoiles ont conduit à la formation d'éléments de plus en plus lourds. Le carbone, l'azote, l'oxygène et tous les autres éléments jusqu'au fer se sont lentement accumulés dans les couches internes, piégés par la gravité. À la fin de leur cycle de vie, la structure des grandes étoiles est déchirée par des explosions titanesques, qui éjectent tous ces éléments dans l'espace environnant. Après plusieurs cycles, ces poussières stellaires riches en éléments lourds, dont de nombreux métaux, donnent naissance à d'autres étoiles et planètes, comme le Soleil et notre Terre.

La phase paroxystique au cours de laquelle les étoiles meurent, produisant des effets vraiment spectaculaires, a joué un rôle décisif dans la formation de notre Système solaire et mérite d'être décrite en détail.

La fin d'une étoile dépend beaucoup de sa masse. Au-delà de dix masses solaires, les densités et les températures à l'intérieur du noyau deviennent monstrueuses. La chaleur dépasse le milliard de degrés Celsius et à ces températures, les réactions de fusion concernent tous les éléments. Les composants les plus légers (hydrogène et hélium) s'épuisent les premiers, suivis par les éléments plus lourds produits lors des réactions plus complexes (carbone, azote, oxygène et ainsi de suite). Lorsqu'on passe à la fusion du silicium qui forme du fer, le processus s'arrête. Aucune autre réaction n'est possible et le cœur de l'étoile, qui n'émet plus d'énergie, s'effondre de manière catastrophique.

Sous l'effet implacable de la gravité, la taille du noyau central se réduit soudainement des centaines de milliers de fois et l'étoile explose. Sous la force de la gravité, les couches supérieures suspendues dans le vide s'effondrent vers le noyau, qui est devenu un objet minuscule et terriblement compact. L'impact redoutable contre le noyau et les réactions nucléaires qui en résultent « soufflent » toute la matière vers l'extérieur. Une énorme masse de gaz, équivalente à plusieurs masses solaires, produit une onde de choc terrifiante qui se propage dans l'espace à plus de 10 000 kilomètres par seconde et restera visible pendant des siècles. Les nuages de gaz, riches en éléments lourds et chimiquement diversifiés, parcourront de grandes distances et fourniront la matière première à de nouvelles agrégations.

De même que la force de Zeus précipite les Titans dans l'abîme, la gravité, enragée par le temps perdu à s'opposer à la force nucléaire et agacée par la résistance de cette dernière qui l'a jusqu'ici empêchée de prévaloir, prend sa revanche et célèbre son triomphe dans un horrible cri silencieux, qui déchire l'étoile et projette ses fragments dans l'espace à des vitesses monstrueuses.

Un flash de lumière aveuglante traverse le ciel. Elle est tellement spectaculaire que lorsque les Terriens inconscients l'apercevront à des milliers d'années-lumière de là, ils penseront que ce point lumineux qui apparaît soudainement dans leur ciel marque non pas la mort d'une étoile, mais la naissance d'une nouvelle étoile qu'ils appelleront *supernova*. L'étonnement sera général, le phénomène inscrit dans les annales et considéré, selon les circonstances et les besoins des observateurs, comme un signe de malchance ou de bon augure.

Tous les noyaux qui composent notre corps – le calcium de nos os, l'oxygène de l'eau, le fer de l'hémoglobine – ont traversé ce passé agité et terrible. Désormais, les atomes qu'ils ont formés se soumettent docilement aux réactions chimiques et biologiques qui assurent notre existence. Si seulement ils pouvaient nous raconter l'histoire de leur enfance aventureuse... ou peut-être le cauchemar de cette naissance traumatique : mis au monde dans les conditions extrêmes de température et de pression du cœur d'une étoile, puis expulsés à des vitesses monstrueuses dans le vide absolu, où ils errent pendant des milliards d'années dans l'attente d'une nouvelle agrégation.

Les explosions de supernovas comptent parmi les phénomènes les plus catastrophiques de l'univers et constituent une source précieuse d'information sur la dynamique des étoiles et la construction des galaxies. Ce phénomène libère une énorme quantité d'énergie sous différentes formes. La majeure partie est émise sous forme de neutrinos : un flux monstrueux de ces particules super légères illumine l'univers entier chaque fois qu'une supernova explose. Heureusement, les neutrinos sont délicats et courtois et ne laissent, en traversant la Terre, que quelques signaux inoffensifs dans les grands détecteurs qui leur sont dédiés. Une autre part importante de l'énergie est utilisée dans l'accélération de l'onde de choc qui projette la matière dans le milieu interstellaire. Le reste est constitué d'ondes gravitationnelles et de rayonnements électromagnétiques sur toutes fréquences : la lumière, qui produit la lueur qui nous est visible, mais surtout les photons de haute énergie, les flashs de rayons X et de rayons gamma qui sont projetés sur de grandes distances en même temps que les particules chargées accélérées par l'onde de choc. Ces phénomènes durent des semaines, voire des mois. Certains, liés à la désintégration radioactive des isotopes produits dans le nuage de gaz, s'étendent parfois sur des décennies.

L'explosion d'une supernova est l'un des spectacles naturels les plus incroyables que notre esprit puisse imaginer, mais il vaut mieux qu'elle ne se produise pas trop près de nous. Les effets de ces radiations pourraient être mortels pour de nombreuses espèces de la planète, si ce n'est pour toutes. Heureusement, les étoiles massives pour lesquelles cette sortie de scène pyrotechnique est prévue sont assez rares, et toutes sont à bonne distance.

La plus proche de nous est Bételgeuse, une étoile rougeâtre visible à l'œil nu juste au-dessus de la ceinture d'Orion. Cette supergéante rouge au diamètre énorme pèse dix fois plus que notre Soleil. Elle est tellement massive que si on la mettait à la place de ce dernier, elle occuperait le Système solaire presque jusqu'à l'orbite de Jupiter. Bételgeuse est proche de sa fin, même si nous ne pouvons pas prédire avec exactitude quand celle-ci aura lieu. Ce qui est en revanche certain, c'est que le spectacle sera grandiose lorsqu'elle explosera. Sa lueur illuminera nos nuits pendant des mois, comme une pleine lune permanente. Le grand feu d'artifice que fera Bételgeuse ne devrait pas constituer un danger pour les Terriens, s'ils existent encore, car l'étoile se trouve heureusement à environ 600 années-lumière, une distance considérable qui devrait nous permettre de profiter du spectacle en toute sécurité.

Et quelle sera la fin de notre Soleil ? Il est trop petit pour exploser de manière aussi cataclysmique et pourtant, lorsqu'il tirera sa révérence, il réalisera lui aussi une performance décente. Cela en serait même inquiétant, si ce n'était que l'événement aura lieu dans un avenir lointain, la réserve d'hydrogène du Soleil devant durer encore cinq ou six milliards d'années. Lorsqu'elle s'épuisera, les réactions impliquant les éléments plus lourds commenceront ; à ce moment-là, le noyau interne se réchauffera et le volume du Soleil augmentera jusqu'à ce qu'il devienne une géante rouge. Sa taille augmentera assez rapidement, jusqu'à ce qu'il atteigne et vaporise dans l'ordre Mercure, Vénus et la Terre. Nous n'avons guère à nous soucier de la chose : bien avant cela, la puissance du Soleil aura augmenté d'environ 40 %. Sur Terre, les calottes glaciaires des pôles auront disparu depuis belle lurette et les océans se seront évaporés, rendant toute forme de vie impossible.

Arrivé au terme de sa vie, le Soleil expulsera ses couches externes de gaz et se transformera en une nébuleuse planétaire. Lentement, le cœur de son noyau se débarrassera de sa croûte et un objet de la taille de la Terre, extrêmement dense, extrêmement chaud et brillant, apparaîtra : une *naine blanche*, un petit corps brillant composé de noyaux de carbone et d'oxygène entièrement ionisés, protégé par un bouclier compact d'électrons, suffisamment solide pour empêcher tout effondrement gravitationnel ultérieur. La petite étoile continuera à se refroidir, peut-être pendant des dizaines de milliards d'années, jusqu'à ce qu'elle devienne une *naine noire*, un objet inerte, invisible pour tous, dans lequel il ne restera aucune trace de sa gloire passée.

La fascination des étoiles noires

Certaines étoiles beaucoup plus grosses que le Soleil, lorsqu'elles n'ont plus de combustible nucléaire, se transforment en des objets encore plus exotiques : si elles ont une masse comprise entre 10 et 30 masses solaires, elles forment les *étoiles à neutrons* très denses, de petites sphères de 10 à 20 kilomètres de rayon qui contiennent une fois et demie la masse du Soleil.

Les étoiles à neutrons se forment lorsque l'effondrement gravitationnel est si violent qu'il fait éclater tous les noyaux des éléments constitutifs en une bouillie de protons et de neutrons. Le gaz d'électrons qui agit chez les naines blanches comme un bouclier protecteur est ici écrasé en un instant. La force de gravité dans des objets aussi massifs est telle que les électrons et la matière nucléaire sont comprimés au point d'amorcer des réactions de capture de la part des protons, qui se transforment tous en neutrons. Il en résulte un corps extrêmement compact, d'une densité monstrueuse, semblable à un noyau atomique géant, entièrement constitué de neutrons étroitement empaquetés ensemble par la force forte. Une matière tellement dense que la masse d'une montagne comme l'Everest pourrait tenir dans une cuillère à café.

Comme si cela n'était pas assez impressionnant, cette petite sphère tourne sur elle-même à des vitesses effarantes. On a identifié des étoiles à neutrons qui ne mettent que quelques millièmes de seconde pour effectuer une rotation complète. Les couches superficielles de ces étoiles, qui tournent à des centaines de tours par seconde, se déplacent à des vitesses qui peuvent facilement dépasser 50 000 kilomètres par seconde.

Le phénomène est dû à la contraction monstrueuse qui se produit lors de l'effondrement. La rotation lente et paisible de l'étoile-mère autour de son propre axe est accélérée par la conservation du moment cinétique. Alors que la période de rotation initiale se mesure en semaines ou en mois, lorsque le rayon passe de millions de kilomètres à quelques dizaines, la fréquence atteint des centaines de révolutions par seconde. La patineuse a soudainement rassemblé ses bras autour de sa poitrine et la pirouette est devenue beaucoup plus rapide et spectaculaire.

La brusque contraction des dimensions de ces étoiles, liée à l'effondrement gravitationnel, amplifie aussi considérablement le champ magnétique d'origine. Ces gigantesques lignes de force, qui enveloppaient la grande étoile, sont maintenant obligées de se refermer autour du petit noyau compact et leur densité explose. Les étoiles à neutrons produisent des champs magnétiques extrêmes, des milliards de fois plus importants que ceux des étoiles ordinaires.

Lorsque l'axe magnétique de l'étoile à neutrons ne coïncide pas parfaitement avec l'axe de rotation, les électrons et les positrons restés libres à sa surface sont accélérés vers les pôles et produisent un important flux de rayonnement électromagnétique, qui tourne à la même fréquence que l'étoile. Si la Terre se trouve dans le cône d'émission de cette station radio très spéciale, nous enregistrons un signal radio pulsé et très régulier, une horloge d'une extrême précision, une sorte de balise puissante qui, au lieu de la lumière, émet des ondes radio. Nous avons découvert un *pulsar*.

La singularité des trous noirs

Lorsque la masse d'une étoile est vraiment anormale, supérieure à 30 masses solaires, son effondrement provoque la formation d'un *trou noir*. Même les neutrons ne peuvent pas résister à la gravité et finissent par se désintégrer ; leurs composants élémentaires sont comprimés si furieusement que la masse restante est concentrée dans un volume pratiquement infinitésimal.

Les systèmes qui naissent ainsi sont régis par des lois de la physique que nous ne connaissons pas encore, qui permettent de stocker 5 à 50 masses solaires dans un espace inaccessible de quelques dizaines de kilomètres de diamètre.

Peut-être parce qu'il évoque un cauchemar largement partagé, celui d'une chute inéluctable dans un puits sans fond, ou peut-être parce que nos ancêtres ont connu la peur d'être déchiquetés et dévorés par des bêtes féroces, toujours est-il que dès qu'on évoque les trous noirs, un réflexe ancestral de panique se déclenche immédiatement.

Il y a quelques années encore, le sujet n'intéressait que quelques milliers de spécialistes tout au plus, qui en discutaient lors de leurs conférences, sereinement ignares de l'engouement populaire qu'allait bientôt susciter un sujet aussi ésotérique.

L'idée que notre firmament puisse contenir des *étoiles sombres* est vieille d'au moins deux siècles. Elle est suggérée pour la première fois en 1783 par le révérend britannique John Michell, un philosophe et grand scientifique de l'époque. En se basant sur la théorie corpusculaire de la lumière de Newton, Michell imagine des étoiles si compactes et si massives qu'elles produisent une attraction gravitationnelle monstrueuse, suffisamment puissante pour piéger à jamais toute lumière émise à leur surface. Les particules de lumière se comporteraient comme des pierres lancées depuis la Terre, dessinant des trajectoires paraboliques qui les ramèneraient inexorablement à leur point de départ.

L'idée de Michell est si en avance pour son temps que personne ne la prend en considération pendant près de 200 ans. Une première percée a lieu en 1916, lorsque Karl Schwarzschild, un physicien allemand qui commande un poste d'artillerie sur le front russe, réussit à se procurer le fameux article dans lequel Albert Einstein expose sa théorie de la relativité générale. En utilisant un système de coordonnées différent, Schwarzschild trouve rapidement une solution exacte aux équations pour lesquelles Einstein lui-même n'avait fourni que des solutions approximatives.

Avec cette nouvelle approche, l'espace-temps prend une symétrie sphérique ; pour chaque masse, il est possible de définir un rayon, que l'on appellera le *rayon de Schwarzschild*, en dessous duquel apparaît une singularité : une courbure de l'espace-temps si grande que les photons eux-mêmes ne peuvent s'échapper. La solution est si curieuse que ni Einstein ni même Schwarzschild n'osent écrire ou seulement imaginer qu'une nouvelle classe de corps célestes pourrait se cacher derrière les formules mathématiques.

Ce n'est que dans les années 1960 que l'expression *trou noir* est inventée. C'est le physicien américain John Wheeler, l'un des premiers à réaliser qu'il pouvait s'agir de véritables objets astronomiques, qui l'introduit avec une pointe d'ironie en 1967. Un nouveau champ de recherche s'ouvre. Depuis, l'étude des trous noirs et la recherche de tout signal susceptible de suggérer leur présence ont exercé une profonde influence sur l'astrophysique moderne.

Les années 1970 voient les contributions théoriques fondamentales de Roger Penrose et Stephen Hawking et les premières observations indirectes de possibles trous noirs. La liste s'allonge année après année, jusqu'à la surprenante découverte de trous noirs supermassifs dans le noyau central de la plupart des galaxies elliptiques ou spirales. Enfin, chacun se souvient que c'est une collision entre des trous noirs, d'une trentaine de masses solaires, qui a provoqué le premier signal d'ondes gravitationnelles enregistré par les grands interféromètres américains de la collaboration LIGO, cn 2015.

Les trous noirs peuvent être « observés » indirectement, par le biais des signaux résultant de leur interaction avec des formes de matière ordinaire. Lorsqu'ils orbitent près d'une étoile massive, leurs forces de marée arrachent d'énormes quantités de matière à leur malheureux compagnon : le gaz ionisé, accéléré par le champ gravitationnel du trou noir qui s'apprête à l'avaler, forme des disques d'accrétion qui émettent des rayonnements sur plusieurs longueurs d'onde différentes. Pour rendre le spectacle encore plus pyrotechnique, on enregistre souvent de puissants jets de matière au niveau des pôles, qui voyagent dans l'espace à des vitesses proches de celle de la lumière.

En avril 2019, pour la première fois, une équipe d'astrophysiciens a réussi à obtenir une photo d'un trou noir supermassif, M87*, au sein de la galaxie M87. Une première rendue possible grâce à un réseau de huit radiotélescopes répartis sur la planète, l'Event Horizon Telescope.

Première photographie d'un trou noir, M87*,
réalisée par l'Event Horizon Telescope

Les trous noirs constituent donc une nouvelle classe de corps célestes, assez rares et pourtant présents dans de nombreuses parties de l'univers. Nous savons maintenant que ces objets peuvent être très différents, non seulement en termes de taille et de caractéristiques (stationnaires ou en rotation, neutres ou chargés...), mais aussi en termes de dynamiques de formation et d'évolution. Ils naissent parfois de l'effondrement gravitationnel d'étoiles supermassives, mais peuvent également apparaître lorsque des étoiles à neutrons entrent en collision les unes avec les autres ou atteignent une masse critique en absorbant la matière des étoiles ordinaires avec lesquelles elles interagissent dans des systèmes binaires.

Une fusion qui vaut son pesant d'or

Si une collision entre étoiles à neutrons peut donner naissance à de nouveaux trous noirs, elle peut aussi produire d'autres effets étonnants.

Imaginez un énorme nuage d'or et de platine, d'une masse des centaines de fois supérieure à celle de la Terre. C'est l'incroyable spectacle qui s'est offert aux yeux des astronomes il y a quelque temps, lorsqu'ils ont pointé leurs instruments sur une zone du ciel proche de la constellation de la Lyre. Une véritable « usine cosmique à métaux lourds », le résultat d'un événement catastrophique : la collision de deux étoiles à neutrons.

Nous sommes en août 2017 et, pour la première fois depuis quelques jours, les deux interféromètres américains LIGO et l'interféromètre franco-italien Virgo, près de Pise, fonctionnent en tandem. Ils font la chasse aux ondes gravitationnelles produites par la fusion de trous noirs et enregistrent immédiatement un événement similaire à celui de la première découverte en 2015. Puis, trois jours plus tard, ils captent un nouveau signal, étrange, différent des signaux habituels, moins intense, mais beaucoup plus long dans le temps : c'est la signature caractéristique des ondes gravitationnelles produites par la fusion des étoiles à neutrons.

Il ne s'agit pas des corps ultra-massifs à l'origine des premiers signaux ; même deux étoiles à neutrons, lorsqu'elles se rencontrent, finissent par fusionner dans une collision catastrophique ; en tournant l'une autour de l'autre et en s'approchant à une vitesse proche de celle de la lumière, elles déforment l'espace-temps et produisent un signal d'onde gravitationnelle qui dure des dizaines de secondes.

Tout cela s'est produit relativement près de nous, en termes cosmiques : à seulement 130 millions d'années-lumière, au lieu des 1 400 millions de la première découverte sensationnelle. Le signal initial était plus faible, car les masses qui ont fusionné étaient plus petites, mais l'observation a tout de même été possible grâce à cette distance plus courte.

Avec Virgo en service, la triangulation a cette fois été possible. Les trois instruments ont permis d'identifier la source, et l'alerte, envoyée à 70 observatoires sur tous les continents et dans l'espace, donne une profusion de résultats. Le signal des ondes gravitationnelles est accompagné de photons de haute énergie et de séquences d'émissions électromagnétiques de plus basse énergie qui dureront des semaines.

Il apparaît rapidement que le flash de rayons gamma en provenance de la même région, enregistré quelques secondes plus tard par d'autres instruments – comme *Fermi*, un télescope spatial en orbite autour de la Terre – est lié au même phénomène. Selon toute vraisemblance, c'est le signe qu'un trou noir s'est formé lors de la collision.

L'événement du 17 août 2017 marque le début spectaculaire de l'astronomie *multimessagers*. Le même phénomène est étudié à l'aide des signaux qu'il émet dans toutes les longueurs d'onde du spectre électromagnétique et dans les ondes gravitationnelles, ce qui aboutit à une compréhension beaucoup plus détaillée.

Nous savons maintenant que deux étoiles à neutrons produisent des ondes gravitationnelles lorsqu'elles fusionnent, et nous avons compris d'où viennent les sursauts gamma qui suscitaient jusque-là beaucoup de perplexité. Enfin, les semaines qui ont suivi le premier signal ont réservé une incroyable surprise aux astronomes : dans les résidus de la fusion, ils ont identifié une petite nébuleuse de matériaux lourds. Une énorme quantité de poussière de métaux précieux, des masses gigantesques d'or et de platine, été produite par la collision et éjectée à des vitesses monstrueuses dans l'espace environnant, confirmant de façon spectaculaire la théorie selon laquelle les éléments plus lourds que le fer ne pouvaient se former que lors d'événements catastrophiques similaires.

Une fois de plus, nous avons découvert des phénomènes d'une violence extrême cachés derrière l'apparent équilibre cosmique, placide et apaisant.

Avec la description de ces événements extraordinaires, notre récit est arrivé à la fin du cinquième jour. L'univers s'est peuplé d'une myriade d'étoiles qui, génération après génération, ont diffusé dans tout le cosmos d'énormes quantités de gaz et de poussières d'éléments lourds, parmi lesquels se glissent furtivement des étoiles à neutrons et des trous noirs. 500 millions d'années se sont écoulées depuis l'origine de l'univers, et voilà que les premières galaxies se forment.

Le sixième jour

Où le chaos se déguise en ordre

Au début du sixième jour, l'univers est illuminé par une myriade d'étoiles gigantesques. Elles se reproduisent, génération après génération, suivant des cycles temporels relativement courts à l'échelle cosmique. À chaque fois que l'une d'elles meurt, le grand nuage d'hydrogène et d'hélium ionisé qui l'entoure s'enrichit d'éléments de plus en plus lourds, au point que l'on trouve partout de grandes nébuleuses de gaz et de poussières qui donneront à leur tour naissance à de nouvelles générations d'étoiles, de taille moins impressionnante, mais à la longévité plus grande.

La gravité agit lentement sur ces assemblages de matière qui se forment autour des grands amas de matière noire. Prépondérants en termes de masse, ces agglomérats génèrent de véritables puits de potentiel vers lesquels se précipitent étoiles, gaz et poussières. Tout plonge vers ce néant, ce cœur invisible de ténèbres à l'attraction fatale. En raison des chocs qui se créent dans cette compression, le gaz s'échauffe, la pression augmente et réussit à empêcher un nouvel effondrement. La majeure partie du gaz se rassemble au centre du halo de matière noire, où la densité augmente. Tout le reste gravite autour.

La conservation du moment angulaire empêche les étoiles et les agglomérats de matière de se précipiter directement dans le trou central ; la symétrie sous-jacente les oblige à tourner lentement autour du noyau. Un disque en rotation se forme, un tourbillon semblable à un ouragan : une galaxie est née.

Inexorablement, nous tombons. La chose est avérée et sans remède : un terrible tourbillon nous engloutit petit à petit, comme dans le plus angoissant de nos cauchemars. Notre fin est donc scellée, le mécanisme chaotique et dynamique qui régit les événements ne nous laisse aucun espoir. L'échelle de temps de cette catastrophe est toutefois extrêmement longue, non seulement par rapport à nos existences individuelles, mais aussi par rapport à l'échelle temporelle de notre espèce, qui n'habite le monde que depuis quelques millions d'années. La vie d'une galaxie se déroule sur une échelle de plusieurs milliards d'années ; cela laisse largement le temps à d'autres systèmes solaires d'apparaître, avec d'autres planètes et d'autres formes de vie qui s'interrogeront peut-être sur la façon dont tout cela fonctionne.

Le chaos s'est déguisé en ordre, il porte le masque séduisant de l'équilibre et de l'harmonie ; ce magnifique subterfuge nous rassure depuis des millénaires.

Spira mirabilis

Le nom de notre galaxie, la Voie lactée, renvoie à la signification littérale du mot grec *galaxìas*, qui peut être traduit par « laiteux ». Ce nom fait écho au mythe de ses origines, liées à l'une des nombreuses frasques de Zeus. Tombé amoureux d'Alcmène, le roi des dieux prend la forme de son mari, s'accouple avec la belle Terrienne et la féconde. Héraclès naît de cette relation et Zeus l'enlève immédiatement pour l'emmener avec lui sur l'Olympe. Là, il le met au sein de son épouse endormie, afin que l'enfant devienne immortel en goûtant au lait divin.

Mais le petit énergumène, même nourrisson, est incapable de contrôler l'exubérance physique qui le conduira à accomplir des exploits légendaires ; il s'empare impétueusement du sein de la déesse et le suce voracement. Héra se réveille en sursaut et rejette avec force le bébé inconnu. Le lait jaillit alors des mamelons divins, remplissant le ciel de gouttelettes blanchâtres qui se transforment aussitôt en petites étoiles, tandis que celles qui tombent au sol deviennent des lys.

Notre Voie lactée est un assemblage d'étoiles, de poussières et de gaz maintenus ensemble par un énorme halo de matière noire. C'est une grande galaxie spirale, un gigantesque moulinet cosmique aux bras lumineux, dans lesquels se concentrent les étoiles nouvellement formées ; elle contient plus de 200 milliards d'étoiles, l'ensemble tournant autour de la dense région centrale. Dans le noyau, la concentration de matière est telle qu'elle forme une sorte de barre de densité constante, d'où sa classification dans le groupe des *galaxies spirales barrées*.

Sa forme suit la géométrie de la croissance en spirale, une courbe que l'on retrouve dans de nombreux processus naturels. En partant du centre, le rayon croît régulièrement avec l'angle, formant la géométrie enchanteresse qui caractérise certains coquillages comme le nautile. Descartes a été le premier à en décrire la fonction ; Jakob Bernoulli en était tellement épris qu'il la baptisa *spira mirabilis*, « spirale merveilleuse » et demanda qu'elle soit gravée sur sa pierre tombale.

Contrairement au Système solaire, où la vitesse des planètes diminue à mesure que la distance au Soleil augmente, ici, tout tourne autour du noyau galactique à la même vitesse, environ 200 kilomètres par seconde, soit 700 000 kilomètres par heure. Nous avons déjà vu que cette vitesse orbitale presque constante est l'un des indices les plus évidents de la présence encombrante de la matière noire. En fait, ce que nous appelons la Voie lactée n'est qu'une petite partie de notre galaxie.

La poussière, le gaz et les étoiles, c'est-à-dire la matière visible, se répartissent sur un disque plat de 100 000 années-lumière de diamètre et 2 000 d'épaisseur. Notre Soleil, entraînant ses planètes à sa suite, tourne à une distance d'environ 26 000 années-lumière du centre galactique et, malgré la vitesse considérable, il lui faut plus de 200 millions d'années pour effectuer un tour complet. Le tout est immergé dans un immense halo sphéroïdal de matière noire, dont le diamètre est estimé à environ un million d'années-lumière. La partie lumineuse est presque insignifiante par rapport à cet immense nuage de matière invisible et mystérieuse, qui se glisse partout et entoure tout, et contribue à hauteur d'environ 90 % à la masse globale de la galaxie.

Galaxies, amas et collisions

La phase de formation des grandes galaxies s'étend sur une longue période dans la vie de l'univers. Les premières agrégations commencent en effet à se former environ 500 millions d'années après le Big Bang et le processus ne s'achève que trois ou quatre milliards d'années plus tard, tandis que les petites galaxies compactes continueront à se former pendant quelques milliards d'années supplémentaires.

La Voie lactée est une galaxie aux dimensions bien supérieures à la moyenne. Par le volume qu'elle occupe et le nombre d'étoiles qu'elle contient, elle peut être considérée à juste titre comme une galaxie géante. Cela dit, il existe de véritables monstres, auprès desquels notre Voie lactée semble ridiculement petite. L'un d'entre eux est IC1101, une galaxie supergéante qui regroupe plus de 100 000 milliards d'étoiles et dont le diamètre est de six millions d'années-lumière.

Le nombre total de galaxies dans l'univers a été calculé par extrapolation, en partant du nombre de galaxies observées dans une petite portion du ciel qui ne semblait pas en contenir. Le résultat est impressionnant : les estimations les plus récentes parlent de plus de 200 milliards de galaxies, sans compter celles qui sont trop petites ou pas assez brillantes pour être observées à grande distance.

Avec les galaxies spirales, les galaxies elliptiques sont la forme la plus courante ; dans les secondes, les étoiles sont organisées dans un volume ovoïde, presque sphérique. Ces deux types rassemblent près de 90 % des galaxies, le reste présentant des formes irrégulières.

Les plus extravagantes sont souvent de petites galaxies. On trouve notamment des configurations en anneau variées, sans parler de structures encore plus étranges, qui rappellent vaguement la silhouette d'un pingouin ou les lettres de l'alphabet. Les formes les plus excentriques sont souvent le résultat de collisions entre galaxies. Durant l'impact, il est hautement improbable qu'une étoile heurte un autre corps céleste, mais les fortes interactions gravitationnelles dues à ce croisement rapproché détruisent la structure ordonnée du système, qui prend alors les formes les plus bizarres. On pense que toutes les galaxies naissent comme des galaxies à disque et que les galaxies elliptiques sont le résultat d'événements de fusion ou de cannibalisation de galaxies satellites.

Autour de la Voie lactée se trouvent deux autres galaxies géantes : Andromède est la plus proche de nous, la galaxie du Triangle se trouvant un peu plus loin. Toutes trois font partie de notre groupe local de galaxies, autour duquel gravitent des satellites tels que le Grand et le Petit Nuage de Magellan. Le groupe rassemble une soixantaine de galaxies satellites, dont de nombreuses galaxies elliptiques naines ; certaines d'entre elles sont très petites et ne contiennent que quelques milliers d'étoiles.

Notre Voie lactée et la galaxie d'Andromède sont apparemment destinées à entrer en collision. La distance qui les sépare, 2,5 millions d'années-lumière, est considérable ; mais la vitesse à laquelle elles foncent l'une vers l'autre n'est pas non plus négligeable : 400 000 kilomètres par heure. D'ici cinq ou six milliards d'années, ces deux grandes galaxies risquent de se rencontrer dans une collision cosmique vraiment spectaculaire. En se rapprochant l'une de l'autre, elles entreront dans une phase turbulente prolongée, au cours de laquelle les forces de marée déformeront de manière irréversible les deux belles spirales pour créer une unique structure géante. La galaxie du Triangle réussira à garder ses distances pendant un certain temps, puis elle deviendra un satellite de la nouvelle galaxie née de la fusion des deux géantes ; plus tard peut-être, elle fusionnera à son tour avec son énorme voisine.

Les groupes locaux peuvent être constitués de dizaines de galaxies ; s'il y en a plus d'une centaine, la terminologie change : on ne parle plus de groupe, mais d'amas. Les groupes, les amas et les galaxies isolées forment à leur tour des structures encore plus gigantesques appelées *superamas*. Cette organisation hiérarchique est assez courante et se retrouve dans presque tout l'univers. Le groupe local de la Voie lactée, par exemple, fait partie du superamas de la Vierge, un énorme système qui contient près de 50 000 galaxies. Les superamas sont reliés par des filaments de galaxies, qui traversent d'immenses régions vides. Cette organisation hiérarchique finit par former une superstructure qui fait penser à une éponge, avec d'énormes bulles de vide séparant des zones à haute densité de galaxies : la structure à grande échelle de l'univers.

Le cœur ténébreux de notre Voie lactée

En regardant vers le sud par une claire nuit d'été, il est possible de voir à l'œil nu le noyau de notre galaxie, un peu au-dessus de l'horizon dans la constellation du Sagittaire. Si l'air est limpide et que nous nous trouvons loin des sources de pollution lumineuse, nous apercevrons une sorte de lueur diffuse. C'est ce qui reste de la lumière d'une grande concentration d'étoiles, atténuée par la poussière qui s'accumule autour du centre galactique. Pour obtenir une image plus nette, il faut utiliser des télescopes capables de voir au travers de cette poussière, comme les télescopes infrarouges ou ceux qui prennent une sorte de radiographie aux rayons X.

Les observations effectuées à l'aide de ces instruments ont révélé une énorme concentration d'étoiles dans le noyau. Elles ont aussi conduit à une découverte inquiétante. Lorsque les vitesses orbitales de certaines de ces étoiles ont été mesurées, les scientifiques ont immédiatement compris que quelque chose clochait : en effet, elles se déplaçaient toutes beaucoup plus rapidement qu'elles ne l'auraient dû. En suivant le mouvement de dizaines de ces étoiles très proches du centre de la galaxie pendant plusieurs mois, des vitesses étonnantes ont été enregistrées ; l'une de ces étoiles tournait même à 5 000 kilomètres par seconde.

Si des dizaines d'étoiles gravitent autour du néant à des vitesses impliquant une très forte attraction gravitationnelle, la conclusion s'impose d'elle-même : il y a au centre de notre galaxie une masse importante concentrée dans un objet invisible et gigantesque, pesant quatre millions de fois le Soleil. Nous venons de faire la connaissance de Sagittarius A*. Dans son cœur ténébreux, notre placide Voie lactée dissimule un monstre. De nouveau, le pire cauchemar des humains se matérialise : nous plongeons dans un puits gravitationnel sans fond qui, tôt ou tard, nous engloutira.

Sagittarius A* est un trou noir d'une masse énorme, au rayon de Schwarzschild d'environ douze millions de kilomètres. Sa densité est élevée, mais elle n'est en rien comparable à celle des trous noirs d'origine stellaire, qui sont certes moins lourds, mais aussi beaucoup plus petits. « Notre » trou noir appartient à une nouvelle classe : les trous noirs supermassifs. Ses caractéristiques sont très différentes de celles de ses camarades, qui constituent la dernière étape de l'évolution des grandes étoiles. Comparés à Sagittarius A*, les trous noirs d'une trentaine de masses solaires qui ont produit le premier signal d'ondes gravitationnelles nous apparaissent comme des objets minuscules, presque fréquentables.

Le hasard a voulu que le trou noir le plus proche de nous soit situé au centre de la constellation qui abrite Chiron, cet être mi-homme mi-cheval, selon le mythe grec le plus habile des archers. Chiron le monstre, né des amours contre-nature de Cronos, qui possède la nymphe Philira sous la forme d'un étalon. Abandonné par sa mère qui ne peut supporter son apparence, il est éduqué par Apollon dans tous les arts et devient le plus civilisé des centaures, ses violents semblables. Chiron est le Sagittaire par excellence, symbole de l'homme qui, par la connaissance et la culture, surmonte sa nature animale. Érudit et médecin, la légende fait de lui le mentor des grands héros, à commencer par Achille.

Sagittarius A*, comme Chiron, peut nous aider à comprendre un monde hostile qui semble plein de dangers. Le comportement des trous noirs supermassifs, l'étude de ces régions turbulentes dans lesquelles la matière interagit dans des conditions extrêmes, pourrait nous fournir la clé de phénomènes très importants qui nous échappent encore. C'est pourquoi de nombreux télescopes et instruments de toutes sortes sont pointés vers Sagittarius A*, accumulant des données de plus en plus étonnantes.

Nous avons constaté que les gaz et les poussières qui précipitent vers le trou noir sont chauffés à des millions de degrés et émettent des ondes radio ainsi que des rayonnements infrarouges. Sagittarius A* possède probablement un champ magnétique, et des traces d'un disque d'accrétion ont été détectées, soit une sorte d'anneau formé par la matière arrachée aux étoiles les plus proches, qui tournent autour de lui. Des signaux semblent indiquer la présence de jets relativistes aux pôles : une sorte de hoquet ou de régurgitation du monstre qui, lorsqu'il avale de grandes quantités de poussière et de gaz, en éjecte une partie, la refoulant aux pôles avec une telle violence qu'elle atteint des vitesses proches de celle de la lumière.

Enfin, dernière d'une série de surprises, en étudiant un amas de sept étoiles situé à trois années-lumière, les astronomes ont découvert un autre trou noir. L'amas est maintenu par cet objet pesant jusqu'à 1 300 Soleils, et l'ensemble tourne autour de Sagittarius A*. C'est le premier trou noir de masse intermédiaire que nous découvrons dans notre galaxie, et sa présence pourrait nous fournir des indices sur le mécanisme de la croissance anormale de Sagittarius A*, qui s'explique sans doute en partie par la cannibalisation d'autres grands trous noirs. La découverte très récente d'une douzaine de trous noirs dans son voisinage a encore renforcé cette hypothèse.

En raison de sa proximité, le noyau central de la Voie lactée est un laboratoire idéal pour tester la relativité générale et étudier les phénomènes qui se produisent dans les zones de forte distorsion spatio-temporelle. C'est pourquoi les douzaines de grandes étoiles qui tournent autour de Sagittarius A* sur des orbites elliptiques étroites et rapides sont surveillées en permanence.

Peut-être que les enseignements de Chiron, le grand et sage Sagittaire, nous aideront aussi, humbles scientifiques terrestres, à combler notre ignorance abyssale de ces gigantesques objets célestes.

Ne réveillez pas le dragon qui dort

La masse de Sagittarius A* est certes énorme, mais elle n'est rien en comparaison de celle du trou noir situé au centre de NGC-4261, une galaxie dans la constellation de la Vierge.

La masse de cet objet géant est estimée à 1,2 milliard de masses solaires.

Il s'agit probablement d'un cas extrême, mais il est désormais communément admis que presque toutes les grandes galaxies contiennent en leur cœur un de ces trous noirs supermassifs, dont la masse varie de quelques millions à quelques milliards de masses solaires. Il semblerait que la présence de ces gentils monstres soit nécessaire pour construire ces merveilleux joujoux que sont les galaxies : des configurations dynamiques de matière stables sur des milliards d'années.

Les trous noirs de la catégorie poids lourds ont d'autres caractéristiques qui les différencient de leurs petits frères, issus de l'évolution d'étoiles massives. Ils n'ont pas par exemple leur densité monstrueuse : des trous noirs absolument gigantesques présentent parfois une densité inférieure à celle de l'eau, ce qui les rend apparemment moins féroces. Leurs forces de marée, qui vous déchireraient impitoyablement si vous vous approchiez d'un trou noir de trois ou quatre masses solaires, sont beaucoup plus faibles, presque imperceptibles. Nous pourrions traverser leur horizon des événements sans nous en rendre compte, du moins au début. Malgré ces dehors débonnaires, ils font partie des objets les plus dangereux du cosmos, capables de dévaster une galaxie entière. Les trous noirs supermassifs sont en effet à l'origine de certains des phénomènes les plus énergétiques de l'univers.

Les quasars (un nom qui dérive de la contraction de *quasi-stellar radio source*, c'est-à-dire source radio quasistellaire) sont par exemple restés un mystère pendant plusieurs décennies. Aujourd'hui, on les désigne de manière plus moderne par l'acronyme QSO, qui signifie *objets quasi-stellaires.* Découverts à la fin des années 1950, ce sont les sources de lumière les plus puissantes de l'univers. Ils ont d'abord été identifiés parce qu'ils émettaient de forts signaux radio ; puis, en pointant des télescopes optiques sur les zones d'où provenait le signal, de puissants signaux lumineux ont été enregistrés. La région active était très petite, comme si une seule étoile produisait ce phénomène sensationnel.

Mais aucune étoile ne peut briller d'une lumière 1 000 fois plus puissante que celle émise par les 200 milliards d'étoiles de la Voie lactée. Il se passait donc quelque chose de mystérieux dans ces galaxies lointaines, en rapport avec des corps célestes extraordinaires. Des phénomènes plus étranges les uns que les autres ont été imaginés, mais avec l'accumulation des données, une conclusion encore plus étonnante s'est imposée : les *étoiles noires* sont les plus brillantes de toutes. Les corps qui émettent cette puissante énergie se trouvent au centre des galaxies abritant des trous noirs supermassifs ; la plupart du temps, ces sympathiques « dragons » dorment placidement, comme dans les contes de fées, lorsque personne ne les dérange ; à l'occasion, ils exhibent toute leur puissance, « crachant » feu, lumière et toutes sortes d'ondes électromagnétiques sur des distances monstrueuses. Dans ce cas, nous avons affaire à des noyaux galactiques actifs.

Les trous noirs supermassifs situés au cœur de nombreuses galaxies sont la plupart du temps pacifiques ; Sagittarius A* avale de la matière, démembre quelques étoiles, mais il se comporte somme toute avec politesse et discrétion. Nous n'avons pris conscience de sa présence que récemment, et seulement parce que nous avons voulu à tout prix regarder à l'intérieur du noyau galactique. Poussés par la curiosité, nous avons percé le manteau de poussière qui le dissimulait à nos yeux, pour découvrir Sagittarius A* qui jouait au chat et à la souris avec les étoiles tournant à toute vitesse autour de lui. Sans notre indiscrétion, nous n'aurions rien remarqué d'étrange.

Le noyau de notre galaxie, vu de l'extérieur, n'est pas inquiétant : il n'émet pas de radiations dangereuses, il ne fait pas de ravages autour de lui. Mais c'est un coup de chance. Le noyau d'une galaxie entre parfois dans un état d'excitation paroxystique, et tout le monde se retrouve alors dans les ennuis jusqu'au cou. Cela arrive lorsqu'une très forte densité de matière, d'étoiles, de gaz et de poussière se trouve à proximité du centre ; en bref, s'il y a beaucoup à manger. Une sorte de frénésie alimentaire s'empare alors du trou noir. Il s'entoure d'un énorme disque d'accrétion, la matière est démembrée et contrainte à tourner autour de lui dans un manège infernal où les vitesses extrêmement élevées, les collisions et les interactions entre les lambeaux de matière produisent des phénomènes qui portent l'ensemble à des millions de degrés.

La matière ionisée, réduite à ses composants élémentaires, produit d'immenses champs magnétiques qui, à leur tour, interagissent avec le reste de la matière. Lorsqu'il existe des disques d'accrétion importants, on voit souvent d'énormes jets de particules et de rayonnement associé émerger des pôles du trou noir. Nous parlons de faisceaux de matière et de rayonnement collimatés et hautement énergétiques, émis par le noyau actif dans la direction perpendiculaire au plan de la galaxie. Les images recueillies sont impressionnantes : les immenses filaments de matière crachés par le centre galactique s'étendent sur des dizaines de milliers d'années-lumière, tandis que l'intense rayonnement émis prend la forme de lobes dessinant des protubérances géantes sur des millions d'années-lumière.

Nous n'avons pas encore une pleine connaissance de tous les détails du phénomène. Nous supposons qu'alors qu'une partie de la matière ionisée disparaît dans l'horizon des événements et fait croître ultérieurement le trou noir, une autre est détournée vers les pôles, où elle subit des accélérations effrayantes. Le cosmos abrite des centaines d'accélérateurs en fonctionnement, bien plus puissants que le LHC, qui produisent des jets relativistes similaires à ceux que nous étudions au CERN, mais à l'échelle d'une galaxie.

Les jets spectaculaires de quelques galaxies actives sont orientés vers la Terre. Dans ce cas, nous pouvons observer un spectre de rayonnement électromagnétique amplifié par l'énorme vitesse des jets, caractérisé par des variations rapides et violentes du flux. Historiquement, ce type de source était appelé *blazar*, d'après le nom du premier objet détecté au comportement étrange : BL Lacertae, situé dans la constellation du Lézard, dont la luminosité change tellement dans le temps qu'il a été à tort pris pour une étoile variable appartenant à notre propre Voie lactée. Des observations plus précises ont permis de découvrir qu'il s'agissait d'une galaxie située à 900 millions d'années-lumière. Lorsque l'origine du comportement a été reliée à un noyau galactique actif, le phénomène a été correctement reclassé dans cette catégorie plus large.

Les quasars, les blazars et les noyaux actifs de galaxie en général sont des phénomènes assez rares dans l'univers pris dans son ensemble, mais nous en avons pourtant découvert des centaines de milliers. Ils sont peu fréquents dans les galaxies naines, assez courants (dans une proportion de un à cinq) dans les galaxies elliptiques géantes, résultat de la fusion de plusieurs galaxies.

Ces phénomènes semblent aussi fortement dépendre de l'âge de la galaxie. On trouve par exemple une proportion élevée de quasars dans les galaxies les plus anciennes, ce qui indique que les noyaux galactiques actifs ont joué un rôle fondamental dans la construction des galaxies primordiales. Le plus ancien quasar identifié date de 700 millions d'années après le Big Bang, ce qui vient conforter cette thèse. Les quasars étaient déjà présents dans les premières grandes structures, mais le pic d'activité remonte à environ dix milliards d'années, le pourcentage diminuant ensuite.

Ce fait est probablement lié à l'épuisement progressif du carburant nécessaire pour entretenir le mécanisme. Le trou noir concentre, brûle et recycle toute la matière qu'il parvient à extraire de son environnement pendant des milliards d'années. Le processus en lui-même et le rayonnement extrêmement intense produit finissent par vider tout le noyau de son combustible. Sans nouveau matériau, le disque d'accrétion s'interrompt et le processus s'éteint de lui-même.

Ceci expliquerait pourquoi de nombreuses grandes galaxies, comme la nôtre, qui abritent pourtant un énorme trou noir, n'ont pas de noyau actif : il ne reste plus assez de matériau. En ce qui concerne la Voie lactée, nous pouvons donc dormir sur nos deux oreilles. Sauf si elle entre en collision avec Andromède. Lorsque cela se produira, la fusion pourrait ramener suffisamment de combustible dans le noyau pour le réactiver, et la vie des planètes de la galaxie deviendra extrêmement problématique.

Finalement, le rôle des « monstres affamés » qui occupent le centre de nombreuses galaxies apparaît essentiel à la dynamique globale. Les trous noirs géants sont à la fois de grands destructeurs et de grands créateurs. La danse frénétique qu'ils imposent à la matière ressemble à une reconstitution à l'échelle cosmique de celle des derviches tourneurs, les soufis Mevlevi de Konya. Ils évoquent ainsi pour nous le mythe de destruction-création de la danse de Shiva, mais surtout, en maintenant de grandes quantités d'étoiles dans ce dangereux manège pendant des milliards d'années, ils offrent à la matière le don le plus précieux qui soit : le temps, qui permet de produire des systèmes solaires, des planètes et d'autres formes d'organisation de plus en plus complexes.

Nous devons encore découvrir comment se forment les trous noirs dont la masse est des millions ou des milliards de fois supérieure à celle du Soleil. Nous savons qu'une fois un trou noir installé au centre d'une galaxie, il peut croître de façon démesurée et avaler lentement tout ce qui l'entoure. Mais quel est le point de départ ? Il est possible qu'avant même que les premières étoiles ne commencent à briller, d'immenses nébuleuses de gaz primordial se soient déjà agrégées en quasi-étoiles, des objets très instables qui, au lieu d'évoluer en étoiles ordinaires, se sont effondrés en trous noirs. Certains spéculent même sur la formation de trous noirs primordiaux, nés moins d'une seconde après le Big Bang, lorsque les fluctuations massives de densité de l'Univers nouveau-né auraient pu provoquer l'effondrement gravitationnel d'énormes portions de matière. Un nouveau champ de recherche, qui a pour objet ces corps célestes volumineux, doit encore dévoiler ses mystères.

Les flèches subtiles d'Orion

Alors que nous nous interrogeons encore sur l'origine et la dynamique de ces événements turbulents, des progrès décisifs ont été réalisés dans la compréhension d'autres phénomènes qui restaient totalement mystérieux jusque récemment. L'un d'entre eux est l'origine des rayons cosmiques.

Depuis 1912, les physiciens cherchent la source de cette pluie de particules chargées qui arrose en continu notre planète de toutes les directions. Des énergies 100 millions de fois supérieures à celles du LHC ont été enregistrées, et leur source était totalement inconnue il y a peu. Nous avons trouvé la solution lorsque différents instruments ont été réunis pour observer le même phénomène, un nouveau succès de l'astronomie multi-messagers.

C'est une alarme lancée par IceCube, une expérience située en Antarctique qui a pour but la détection de neutrinos provenant de l'espace lointain, qui déclenche le processus de découverte.

La détection des neutrinos de haute énergie, des événements rares produits par des sources cosmiques, nécessite des détecteurs aux dimensions monstrueuses. C'est le cas d'IceCube, un nom ironique pour un détecteur qui a le volume d'une montagne, un « glaçon » d'un kilomètre de côté.

IceCube a été construit en Antarctique, près de la station Amundsen-Scott, pour exploiter la couche de glace pure et transparente qui recouvre le continent. Des forages ont été réalisés en faisant fondre la glace en une centaine de points, espacés de 100 mètres et disposés selon une grille hexagonale. Des détecteurs de photons sophistiqués ont ensuite été déposés dans chaque puits à plus de deux kilomètres de profondeur. Lorsque l'eau a regelé autour d'eux, les milliers de détecteurs sont restés pris dans l'obscurité profonde de la glace. Et leurs yeux électroniques ultra-sensibles ont commencé à scruter l'obscurité totale à la recherche des plus petits éclairs de lumière, ceux produits par les neutrinos les plus malchanceux qui meurent en percutant un noyau lorsqu'ils traversent l'épaisse couche de glace.

La collision à haute énergie produit des sillages de particules chargées, parfois accompagnées de *muons*, une sorte d'électron beaucoup plus lourd, qui sont émis dans la même direction que les neutrinos et se retrouvent soudainement à voyager dans le milieu traversé plus vite que la lumière. La seule solution dans ce cas consiste à se comporter comme un avion de chasse lorsqu'il franchit le mur du son. Mais au lieu d'émerger avec un bang acoustique tonitruant, les muons se contentent d'émettre de minuscules flashs de lumière ultraviolette distribués dans un cône caractéristique. Cet effet a été enregistré pour la première fois dans les années 1950 par Pavel Alekseevič Čerenkov et porte son nom.

Ainsi, lorsqu'un neutrino interagit, les détecteurs d'IceCube enregistrent une séquence de signaux caractéristiques qui permettent de mesurer l'énergie et, surtout, la direction du neutrino. C'est l'information la plus importante, car elle nous permet de remonter à la source qui a émis ces messagers délicats et légers. Les neutrinos cosmiques volent en ligne droite, imperturbables, ignorant les distributions de masse et d'énergie qu'ils traversent, totalement insensibles aux champs magnétiques des galaxies et des espaces intergalactiques. Lorsque vous détectez ces neutrinos, vous pouvez identifier leur galaxie de provenance et commencer à comprendre le mécanisme qui les a générés.

Dès qu'il est entré en service, IceCube a enregistré des événements spectaculaires qui ont stupéfié le monde de la science : des neutrinos d'une énergie effrayante, des centaines de fois supérieure à celle que nous produisons dans le LHC, l'accélérateur le plus puissant du monde. Jusqu'alors, personne n'avait imaginé que des neutrinos de si haute énergie puissent se promener dans l'univers. La chasse au monstrueux accélérateur cosmique capable de produire ces particules a immédiatement commencé.

Le 22 septembre 2017, les détecteurs d'IceCube enregistrent l'interaction d'un neutrino de 300 téraélectronvolts, donnant naissance à un muon qui laisse une traînée lumineuse spectaculaire révélée par des centaines de photocapteurs. Les données sont assez claires et la direction du vol du neutrino pointe vers une galaxie lointaine connue pour être très active dans l'émission de rayonnements sur différentes longueurs d'onde. Elle est située à environ quatre milliards d'années-lumière, près de la constellation d'Orion, le grand archer qui brille dans le ciel boréal en souvenir éternel du chasseur géant tué par Artémis.

Selon le mythe, Apollon, ulcéré par l'attirance de sa sœur pour un mortel aussi doué pour la chasse, aurait inventé une ruse pour qu'elle tue son amant par erreur. Zeus, pris de pitié devant les larmes de sa fille et les gémissements inconsolables de Sirius, le fidèle chien de chasse d'Orion, les accueillit tous deux parmi les plus splendides constellations. Ils battent encore la campagne céleste au-dessus de nos têtes et décochent leurs flèches en direction du Taureau.

Mais dans ce cas, Orion nous adresse des flèches autrement plus subtiles et pénétrantes que celles avec lesquelles il abattait cerfs et sangliers. Les neutrinos détectés par IceCube proviennent de la galaxie TXS 0506+056, un de ces sigles compliqués que les astronomes sont obligés d'utiliser pour nommer les myriades de galaxies qui peuplent la voûte céleste. Les physiciens, cependant, n'aiment pas les complications, et la galaxie a immédiatement été rebaptisée avec un nom qui reprend ses trois consonnes de base, mais beaucoup plus facile à retenir : *Texas Source*.

Moins d'une minute après la détection du neutrino, les chercheurs chargés de la saisie des données à IceCube lancent une alerte aux observateurs du monde entier : « Scientifiques de la planète Terre, regardez vers Texas Source ; il se passe quelque chose là-haut ». Des dizaines d'observateurs répondent à l'appel et pointent leurs instruments dans la direction indiquée. Le plus beau reste à venir : au cours des jours suivants, deux autres instruments spécialisés dans la détection des photons de haute énergie enregistrent des rayons gamma qui proviennent avec certitude de la même source. Texas Source se donne en spectacle.

On savait depuis longtemps que TXS 0506+056 était un objet très étrange. Il s'agit d'une galaxie elliptique géante dominée par un énorme trou noir en rotation rapide sur lui-même. Le monstre a une masse gigantesque, estimée à des centaines de millions, voire de milliards, de masses solaires, et est orné d'un énorme disque d'accrétion et de deux jets polaires titanesques. L'un d'entre eux est dirigé vers la Terre, c'est donc un blazar.

Les accélérations effrayantes de Texas Source produisent, en plus des neutrinos, des rayons gamma et des photons de haute énergie qui font réagir *Fermi* et MAGIC, les deux stations d'observation les plus sensibles, la première en orbite autour de la Terre, l'autre ayant ses deux télescopes sur l'île de La Palma, aux Canaries.

C'est le signal dont tout le monde rêvait. Une coïncidence aussi spectaculaire ne peut être accidentelle : si des neutrinos sont émis en même temps que des photons, cela prouve que la machine géante alimentée par le trou noir de

Texas Source accélère des protons, comme un LHC aux dimensions formidables.

Nous commençons ici à comprendre l'un des plus grands mystères de la physique moderne, et ce sont des galaxies lointaines alimentées par des trous noirs géants qui nous font ce cadeau.

Nous sommes désormais à la fin du sixième jour, quatre milliards d'années se sont écoulées et l'univers est désormais peuplé d'une myriade de galaxies. Dans l'une des plus tranquilles, au noyau galactique désormais apaisé, quelque chose est sur le point de se produire.

Le septième jour

UN FOISONNEMENT DE FORMES COMPLEXES

Depuis des milliards d'années, dans la Voie lactée, tout tourne avec régularité autour du noyau central. La phase turbulente de la vie de la nouvelle galaxie, son adolescence tumultueuse, est terminée depuis longtemps.

Après avoir avalé toutes les étoiles, le gaz et la poussière qui entouraient le noyau originel, Sagittarius A* dort, placide et rassasié, comme Polyphème dans sa caverne après avoir bu le vin d'Ulysse. Le disque d'accrétion du grand trou noir, qui n'est plus voracement alimenté, a rétréci et les jets relativistes avec lesquels il irradiait l'espace tout autour de lui, détruisant les étoiles et les systèmes en formation, ont progressivement disparu. Même les galaxies géantes les plus proches qui font partie de notre groupe local, Andromède et le Triangle, ont cessé de tirer leurs dangereux feux d'artifice. Les sursauts gamma émis par les noyaux actifs des galaxies les plus lointaines sont relativement inoffensifs. La suite de catastrophes qui a marqué la naissance de la galaxie a pris fin, le calme s'est installé et des systèmes organisés de plus en plus complexes peuvent se développer.

Plus de neuf milliards d'années se sont écoulées lorsque commence le septième et dernier jour. Quelque chose est en train de se passer dans une portion secondaire de l'immense spirale que forme la Voie lactée. Entre les bras principaux de Persée et du Sagittaire, juste au point de bifurcation d'un petit bras nommé Orion, réside une multitude de très jeunes formations stellaires se nourrissant de nuages moléculaires géants. Dans cette région, les générations d'étoiles gigantesques qui se sont succédé au cours des milliards d'années précédentes ont dispersé toute la matière accumulée dans leurs énormes fours nucléaires.

Explosant en supernovas, elles ont disséminé dans ces grands espaces poussières et gaz : les nuages moléculaires. Ils contiennent principalement de l'hydrogène et de l'hélium, mais aussi des traces de tous les éléments – carbone, azote, oxygène, silicium, et ainsi de suite jusqu'au fer. Certaines grandes étoiles se sont transformées en étoiles à neutrons; en entrant en collision les unes avec les autres, elles ont enrichi les nuages de petites concentrations d'éléments lourds, comme le plomb ou l'uranium.

Tant qu'ils sont chauds et continuent à se dilater, encore empreints du souvenir des grandes explosions qui les ont créés, rien ne peut contraindre ces immenses nuages à s'agréger. Mais à mesure qu'ils se refroidissent et que leur vitesse diminue, la gravité l'emporte sur la tendance à l'expansion et des amas toujours plus massifs apparaissent à partir de grumeaux de matière. Voilà que se forme un grand disque de gaz et de poussière en rotation où la majeure partie de la masse, en particulier l'hydrogène, se condense. La galaxie est en train de produire sa réplique miniature : une partie du grand nuage s'effondre sous la force de sa propre gravité et donne naissance à la nébuleuse solaire au centre de laquelle émerge une étoile. Pendant ce temps, une sorte de disque d'accrétion se crée tout autour, dans lequel on distingue d'autres centres d'agrégation plus petits, répartis dans les différents anneaux : un disque protoplanétaire.

À un certain point, le Soleil se met à briller et les grandes planètes gazeuses se forment. Puis, plus lentement et en suivant un parcours plus accidenté, les planètes rocheuses des orbites les plus internes les rejoignent.

L'une d'entre elles est particulièrement fortunée. Une collision catastrophique avec une autre planète en formation, au lieu de la détruire à jamais et de la réduire en 1 000 fragments, lui offre un grand satellite contribuant à stabiliser son orbite pour les milliards d'années à venir. Comme les autres, elle est bombardée par une pluie de comètes et de météorites qui l'enrichit d'éléments importants, et tous ces événements, joints à l'activité volcanique, joueront un rôle décisif dans les développements ultérieurs.

Cette planète rocheuse est suffisamment grande pour produire une force de gravité lui permettant de s'envelopper d'une douillette atmosphère gazeuse ; son noyau métallique en fusion lui fournit quant à lui un champ magnétique, et ces deux éléments lui procurent un bouclier contre les nombreuses menaces tapies dans les profondeurs du cosmos.

Elle orbite assez près du Soleil pour échapper au froid cosmique qui l'entoure, mais assez loin pour éviter une chaleur incompatible avec de nombreuses réactions chimiques. L'eau, qui la recouvrira en grande partie, restera à l'état liquide pendant des milliards d'années, et c'est dans ses profondeurs que des formes chimiques très particulières apparaîtront. Des structures simples, mais dotées d'équipements ingénieux qui renforcent leur capacité d'adaptation et de développement : des systèmes chimiques qui incorporent et transforment des molécules élémentaires en structures plus complexes. Ce sont les premières formes de vie, capables d'évoluer et se reproduire en réponse aux conditions environnementales.

Le pas décisif a été franchi : un milliard d'années après la formation du Système solaire, des organismes vivants primordiaux se développent sur la planète Terre. À partir de ce moment, lentement mais sûrement, des formes chimiques complexes, capables de s'adapter aux changements et de coloniser des régions toujours plus grandes sur la planète, se succéderont, dans une alternance de périodes fastes, avec l'explosion de telle ou telle espèce, et de périodes de crise et d'extinctions massives.

L'organisation du vivant offre de telles possibilités que des formes toujours plus complexes se développent, des organismes unicellulaires aux plantes et aux animaux dont nous faisons partie. Nous sommes presque à la fin de l'histoire lorsque, chez d'étranges singes anthropomorphes aux fortes interactions sociales, la sélection naturelle fera émerger un nouvel outil qui leur procurera un avantage évolutif supplémentaire : la capacité d'imaginer, d'élaborer une vision du monde ainsi qu'un certain type de conscience de soi. Cette étrange espèce animale se répandra aux quatre coins de la planète et se dotera d'outils à la complexité croissante. Elle finira par développer une conception du monde toujours plus sophistiquée et organisera autour d'elle son propre récit des origines.

Le septième jour se termine ; 13,8 milliards d'années se sont écoulées et la genèse s'achève.

Le Soleil et ses vagabonds

À un moment donné, une partie du grand nuage moléculaire commence à s'effondrer autour d'une zone de densité plus élevée que les autres. Nous sommes dans le bras d'Orion, une région calme de la galaxie, à distance de sécurité du noyau qui, même s'il est moins turbulent qu'au début, reste une région périodiquement sujette à des bouleversements.

La gravité fait converger l'hydrogène, les gaz et les poussières vers la région la plus dense, et tout commence à orbiter autour de ce centre d'attraction. En raison de la conservation du moment cinétique, un énorme disque plat se forme, au sein duquel la région centrale continue de croître. Dans l'œil de cet énorme vortex cyclonique se concentre surtout de l'hydrogène moléculaire ; au centre du disque, écrasé par l'attraction gravitationnelle qui continue à croître, se forme un gigantesque corps sphérique à l'intérieur duquel se déclenchent les premières réactions de fusion thermonucléaire : une nouvelle étoile est née.

Le Soleil est suffisamment gros pour produire des températures de surface de plusieurs milliers de degrés et émettre de l'énergie sur de grandes distances. Mais c'est une étoile naine ; sa petite taille lui donne l'avantage de consommer lentement l'hydrogène ionisé et comprimé qui la compose. Le nouvel astre pourra briller pendant dix milliards d'années, une durée suffisamment longue pour qu'un système stable de planètes et de satellites puisse se développer. Les nouveaux venus disposeront à leur tour de milliards d'années pour accompagner des processus de transformation très lents.

Le terme *planètes* vient de *planetes asteres*, signifiant « étoiles vagabondes ». C'est ainsi que les Grecs désignaient les astres qui se déplaçaient dans le ciel nocturne par rapport à des étoiles fixes : le Soleil, la Lune et cinq corps célestes visibles à l'œil nu – Mars, Mercure, Jupiter, Vénus et Saturne. Les sept planètes seront bientôt associées aux principales divinités, qui leur emprunteront leurs caractéristiques. L'ardente et scintillante Mercure, traversant le ciel à la vitesse de l'éclair, deviendra l'agile messager des dieux ; Mars, flamboyant d'une couleur trouble et sanguine lorsqu'elle est basse sur l'horizon, sera la déesse de la guerre ; et ainsi de suite. Les sept définiront la séquence des jours de la semaine ; du grec, elles passeront au latin, de là aux langues romanes et à presque toutes les langues européennes, pour arriver inchangées jusqu'à nous. Les habitants de la planète Terre ont toujours aimé leurs « étoiles vagabondes », au point d'utiliser leurs noms pour marquer le passage du temps.

Alors que le Soleil commence à briller au centre de la nébuleuse, les différents anneaux de matière qui l'entourent commencent à leur tour à s'agréger autour des zones où la densité est plus élevée. C'est ainsi que se forment les quatre géantes gazeuses qui occupent les orbites les plus externes du Système solaire : Jupiter, Saturne, Uranus et Neptune. Tout ceci se déroule en un laps de temps relativement court, environ 100 000 ans. Il faudra beaucoup plus de temps, des dizaines de millions d'années, pour que les planètes rocheuses s'agrègent.

Au tout début de sa vie, le Soleil, comme toutes les autres étoiles, se donne en spectacle. Sa luminosité et les rayonnements qu'il émet sont beaucoup plus intenses qu'aujourd'hui. Chauffés à des températures extrêmes et poussés par les vents de particules chargées générés par les tempêtes magnétiques du Soleil, l'hydrogène et les autres composants légers de la nébuleuse originelle sont balayés hors des orbites les plus proches. Poussés vers les zones occupées par les grandes géantes gazeuses, ils sont capturés et incorporés à leurs masses gargantuesques. Alors que la nébuleuse protoplanétaire commence à devenir ordonnée et transparente, la partie interne du Système solaire s'enrichit progressivement en éléments plus lourds.

Les grains de poussière qui orbitent dans les régions les plus proches du Soleil et que le rayonnement et le vent solaire ne réussissent pas à balayer en raison de leur masse entrent en collision les uns avec les autres et commencent à s'agréger, formant des corps de plus en plus grands. Lorsqu'ils atteignent des dimensions de l'ordre du kilomètre, l'attraction gravitationnelle qu'ils exercent autour d'eux forme des accrétions de plus en plus grandes, à l'origine d'une myriade de corps rocheux. Ce sont les *planétésimaux*, ou planètes infinitésimales, les graines qui donneront naissance aux planètes, satellites et astéroïdes rocheux de notre Système solaire.

Mercure, Vénus, Mars et la Terre, les planètes rocheuses qui se trouvent à l'intérieur de l'orbite de Jupiter, verront le jour par agrégation et fusion lors de collisions chaotiques avec des milliers de ces petits corps célestes. Au fur et à mesure de leur croissance, les matériaux les plus lourds, typiquement du fer et du nickel, se concentreront au cœur de la planète sous forme solide ; la pression exercée par la gravité produira des températures de plusieurs milliers de degrés, liquéfiant la couche externe du noyau métallique. Des roches et des éléments plus légers flotteront au-dessus, concentrés dans les couches supérieures ; des coques de roche liquide recouvriront le noyau métallique et, à mesure que les températures baisseront, une croûte de roche solide de plus en plus épaisse se formera lentement à la surface.

C'est ainsi qu'apparaît, il y a environ quatre milliards et demi d'années, un système solaire très articulé : huit planètes, un certain nombre de planètes naines, des centaines de satellites, des milliers de corps célestes de taille subplanétaire et plus de 100 000 astéroïdes. Parmi les huit planètes, il en est une qui occupe une position particulièrement privilégiée et qui bénéficiera d'une chance inouïe.

Heureusement que Théia était là

Des coups de chance incroyables se présentent parfois sous la forme d'incidents malheureux. Des passagers désespérés d'avoir raté leur vol à cause d'une arrivée tardive à l'aéroport découvrent ensuite que par pur hasard, ils ont évité un accident d'avion qui n'a laissé aucun survivant. Plus banalement, un échec professionnel qui vous force à changer de métier, ou une terrible déception amoureuse qui met fin à une relation importante prennent parfois une nouvelle signification lorsque nous y repensons, des années plus tard. Ce qui nous apparaissait comme la période la plus misérable de notre existence marquait en réalité un tournant, ouvrant de nouvelles voies ou nous permettant de rencontrer la personne dont nous sommes tombés follement amoureux.

Mais tout cela n'est rien par rapport à ce que traverse notre planète au tout début de son existence. Il y a environ 100 millions d'années, la troisième orbite la plus intérieure du Soleil est occupée par une grande planète rocheuse que nous appellerons *Gaïa*, l'ancien nom de la Terre. Elle est issue, comme les autres, de l'agrégation progressive de planétésimaux et a traversé des périodes de grande turbulence, caractérisées par des collisions et des perturbations gravitationnelles importantes. Alors que le pire semble derrière, une terrible menace plane sur elle.

Un autre corps céleste, plus petit que Gaïa, mais aux dimensions respectables, se trouve sur une orbite qui l'amène inévitablement à entrer en collision avec le nôtre. C'est le scénario catastrophe du film *Melancholia*, sorti en 2011 et réalisé par le Danois Lars von Trier.

Le planétoïde qui est sur le point de nous heurter possède une masse équivalente à celle de Mars. Nous l'appellerons *Théia*. D'impressionnantes forces de marée ravagent les deux corps avant même que la rencontre n'ait lieu. Puis vient la collision, qui a un impact dévastateur. L'énergie développée fait fusionner pendant de longs instants les deux corps géants, qui sont parcourus par de rapides ondes de choc. Une partie de Théia, mélangée à de la matière provenant de Gaïa, jaillit de l'étreinte mortelle et tente de s'échapper, mais reste à jamais piégée dans le champ gravitationnel de Gaïa : nous avons maintenant une Lune. Comme dans le mythe antique, Théia la Titanide, la déesse par excellence, fille d'Uranus et de Gaïa, donne naissance à Séléné, la « resplendissante ».

Gaïa, après avoir absorbé le traumatisme de la collision et de la perte de matière qui forme la Lune, retrouve sa forme sphérique, augmente encore de taille et devient la planète Terre. L'hypothèse d'une collision primordiale catastrophique à l'origine du système Terre-Lune a été confirmée par l'analyse des roches lunaires prélevées lors de différentes explorations. Dans certains des isotopes de l'oxygène enfermés à l'intérieur de ces roches, on détecte encore une sorte d'empreinte fossile de la chaude étreinte primordiale qui liait la Terre à son satellite.

La Lune ne fait pas qu'éclairer nos nuits, faire rêver les amoureux, ou inspirer les musiciens et les poètes.

Cet étrange satellite, si différent de ceux qui peuplent le Système solaire par centaines, joue un rôle fondamental dans la stabilisation de l'orbite de notre planète. Le système Terre-Lune agit comme une sorte de gyroscope stabilisant le mouvement révolutionnaire autour du Soleil.

La Terre est la seule planète rocheuse à posséder un satellite aussi grand : son diamètre atteint 3 500 kilomètres, soit environ un quart de celui de la Terre. Mercure et Vénus n'ont pas de satellites, tandis que Phobos et Deimos, les deux minuscules lunes de Mars, sont de petits ellipsoïdes respectivement de 22 et 12 kilomètres de diamètre. Les trois autres planètes rocheuses sont donc exposées aux perturbations gravitationnelles du Soleil et des autres corps plus massifs du Système solaire, et l'angle entre leur axe de rotation et le plan de leur orbite est instable. Sur des échelles de temps de plusieurs millions d'années, il peut subir des variations importantes, allant jusqu'à des dizaines de degrés dans des périodes de changement chaotique.

Il nous arriverait la même chose sans notre Lune, si lourde et si proche, qui atténue les perturbations qui modifieraient autrement notre axe de rotation. L'angle que la Terre fait avec le plan de son orbite est stabilisé par la présence de la Lune et ses variations sont de l'ordre du degré. Comme l'inclinaison de la Terre par rapport au Soleil reste fixe, des zones climatiques relativement stables peuvent s'installer sur de longues échelles de temps, ce qui favorise le déroulement des lents processus de formation des systèmes complexes. Si quelqu'un pouvait poser à la Lune la question du berger nomade de Leopardi[1] : « Que fais-tu, Lune, dans le ciel ? Dis-moi : que fais-tu, silen-

1. N.d.T. : Leopardi, *Chant nocturne d'un berger nomade de l'Asie*, F.A. Aulard, Alphonse Lemerre éditeur, 1880.

cieuse Lune ? », il recevrait une réponse peut-être pas très poétique, mais certainement inattendue : « Sans moi, il n'y aurait pas de saisons, ni même peut-être de vie sur Terre ; pas de bergers errants qui s'interrogeraient en me contemplant ». Le fait que Théia nous ait dévastés a été une véritable bénédiction.

Et ce n'est pas la seule. La Terre a bénéficié d'une autre grâce : sa proximité avec la géante Jupiter. La grande planète gazeuse, championne du Système solaire en termes de taille, a un diamètre de 143 000 kilomètres et pèse 300 fois la masse de la Terre. Elle est si grosse que l'on se demande encore aujourd'hui si elle doit être considérée comme une planète ou une petite naine brune. Lorsque la masse initiale de la sphère de gaz n'est pas assez importante, la pression et la température du noyau ne parviennent pas à déclencher la fusion thermonucléaire ; le corps est cependant si chaud qu'il irradie malgré tout une quantité considérable d'énergie. L'« étoile ratée » devient un astre tiède, rayonnant à une température beaucoup plus basse. La lumière qu'elle émet n'est pas aussi énergétique que la lumière bleue, blanche ou jaune ; comme elle vire sur le rouge foncé, nous appelons ces objets des *naines brunes*.

Jupiter, cette étoile avortée, est néanmoins si massive qu'elle a conditionné le développement d'une grande partie du Système solaire. Formée parmi les premiers, sa force de gravité dominante empêche la formation d'une planète rocheuse dans la ceinture dite *d'astéroïdes*, une vaste région située entre Jupiter et Mars. Un grand nombre d'entre eux est expulsé et aucun corps massif ne peut voir le jour dans cette région. Des milliers de débris rocheux y orbitent encore, vestiges des corps que l'attraction de l'encombrant voisin a catastrophiquement perturbés, les contraignant à des collisions incessantes dès qu'ils tentaient de s'organiser en planète. L'échec de la formation d'une cinquième planète rocheuse a laissé davantage de matière, structurée en planétésimaux, pour la formation des planètes internes, dont la Terre. Notre planète a ainsi pu acquérir les dimensions suffisantes pour retenir de façon permanente sa précieuse atmosphère.

Notre bon gros géant, Jupiter, et avec lui le Seigneur des Anneaux, Saturne, agissent comme des sentinelles qui défendent les planètes intérieures. Avec leur masse, ils dévient vers eux et absorbent les astéroïdes et les comètes susceptibles de présenter un danger. Tels de gigantesques gardes du corps, ils nous protègent du risque d'une rencontre trop rapprochée avec des objets funestes. Ils n'y parviennent cependant pas toujours : il y a 65 millions d'années, une météorite riche en iridium de dix kilomètres de diamètre a par exemple heurté notre planète. Mais grâce à leur présence, de tels événements destructeurs sont devenus très rares.

Le grand bouclier de Jupiter nous garde d'événements catastrophiques qui mettraient en péril la survie des formes de vie délicates qui se sont développées sur Terre. Pour cela, nous rendons grâce à la grande planète que les Grecs attribuaient à Zeus le régulateur, le seul capable de faire régner la paix entre les dieux.

Le berceau de la complexité

Le secret de la Terre est caché au plus profond d'elle-même. Au-dessus de son noyau solide et de l'enveloppe de métal en fusion flotte une couche épaisse de roche liquide. Dès les premiers jours de la formation de la planète, le fer et les autres métaux lourds se séparent des composants plus légers. Les premiers se condensent dans les couches internes, tandis que les seconds s'agrègent pour former une épaisse couche rocheuse externe. La chaleur de la contraction gravitationnelle fait entrer en fusion toute la partie interne, et le refroidissement crée une fine croûte rocheuse de surface flottant sur une mer de roche liquide. Les processus de désintégration radioactive des isotopes instables transmettent leur énergie à la chaleur du noyau et contribueront à maintenir sa température élevée pendant des milliards d'années.

Les grandes plaques rocheuses de la croûte sont en mouvement constant, poussées par l'énergie des énormes cellules convectives qui se forment dans le manteau sous-jacent de roche en fusion. Les collisions titanesques qui en résultent créent des déformations qui sont à l'origine des montagnes et des vallées profondes que l'eau des océans remplira. Par les failles, le magma incandescent remonte à la surface et gronde sous la croûte. Le dieu du feu, Vulcain le forgeron, travaille sans relâche dans son grand atelier souterrain à construire les merveilleux paysages de la Terre.

Dans sa phase initiale de formation, la Terre est traversée par des manifestations volcaniques d'une étendue et d'une intensité effrayantes. Ce volcanisme paroxystique fait remonter en surface un flux continu de substances chimiques dissoutes dans les gaz et les roches en fusion qui ont émergé pour former une nouvelle croûte. Lentement, une atmosphère composée principalement de vapeur d'eau, d'azote et de dioxyde de carbone se forme, atmosphère que le champ gravitationnel de la grande planète rocheuse sera capable de retenir.

L'eau était déjà présente dans la poussière du nuage protoplanétaire et ses molécules se sont mélangées à celles qui ont formé les roches du manteau terrestre. Une grande partie sera perdue par évaporation pendant les phases les plus chaudes de la formation de la planète, mais les éruptions volcaniques incessantes la ramèneront à la surface sous forme de vapeur. La majeure partie de l'eau de la planète provient toutefois de la grêle d'astéroïdes et de comètes qui continuent à pleuvoir sur elle. Le bombardement incessant de météorites carbonées, riches en eau, et les véritables icebergs cosmiques que sont les comètes enrichissent la Terre de ce nouvel élément. Alors que l'univers fête son dix milliardième anniversaire, de vastes océans recouvrent une grande partie de la surface de notre planète. Les éruptions volcaniques alimentent la forte concentration de dioxyde de carbone dans l'atmosphère, dont l'effet de serre maintient la majeure partie des océans à l'état liquide pendant de très longues périodes.

Des phénomènes semblables ont apporté de l'eau à de nombreux corps du Système solaire. Elle est présente sous forme de vapeur dans les géantes gazeuses comme Jupiter, Saturne et Uranus, ainsi que dans les nuages qui recouvrent Vénus. Il y a de la glace dans les calottes polaires de Mars, tandis qu'Europe, le plus petit des satellites de Jupiter découvert par Galilée, est recouvert par un immense océan gelé de plus de 100 kilomètres de profondeur ; sous sa surface, il pourrait y avoir de l'eau à l'état liquide. Titan, le grand satellite de Saturne, contient beaucoup plus d'eau que la Terre, mais là encore, pour autant que nous le sachions, sous forme de glace. Il y a probablement de l'eau liquide sur Encelade, un autre satellite de la planète géante aux anneaux.

Le noyau incandescent de la Terre nous offre un autre cadeau qui s'avérera crucial pour les développements ultérieurs. Les couches concentriques de fer liquide qui tournent à des vitesses différentes autour du noyau solide interne entraînent avec elles des particules chargées et produisent un énorme courant circulaire, à l'origine du léger champ magnétique entourant la planète. Cette armature invisible, en déviant les particules chargées vers les pôles, la protège des effets plus destructeurs du rayonnement cosmique, qui peut facilement briser les liens des organisations chimiques les plus complexes. Tous les ingrédients sont désormais réunis pour déclencher une chaîne d'événements qui nous regardent de très près.

Le carbone, l'hydrogène, l'azote, l'oxygène, le phosphore et le soufre sont les éléments de base des principales molécules organiques. On les trouve presque partout dans l'univers et ils abondaient certainement dans l'environnement de la Terre primordiale. À partir de ces éléments, les précurseurs des principales biomolécules qui composent les êtres vivants sont produits au fond des océans, près des volcans sous-marins ou des sources hydrothermales. C'est vers ces milieux très particuliers, où l'eau à haute température et enrichie en sels se mélange à des gaz de nature variée, qu'il faut se tourner pour voir naître les premières structures biologiques. Des réactions chimiques transforment le monoxyde de carbone, l'ammoniac et le formaldéhyde en acides aminés, lipides, polysaccharides et acides nucléiques, et opèrent pendant suffisamment longtemps pour construire les premières protéines et organiser l'information dans les formes les plus primitives d'ADN.

Nous devons également envisager l'hypothèse selon laquelle des bactéries, ou d'autres organismes vivants très simples, capables de survivre dans des conditions de température extrêmes, pourraient être arrivés sur notre planète via les astéroïdes et les comètes qui l'ont bombardée sans interruption pendant le premier milliard d'années de son existence. Incorporées aux débris rocheux des comètes ou à la poussière glacée, des formes de vie primordiales, originaires d'ailleurs et propulsées dans l'espace par de grandes collisions ou de gigantesques éruptions, pourraient avoir été disséminées dans l'ensemble du Système solaire. Si tel le cas, elles ont certainement trouvé un environnement favorable sur Terre.

Ce qui est certain, c'est qu'il y a 3,5 milliards d'années, les premières structures biologiques élémentaires commencent à se développer sous le manteau protecteur des océans, à l'abri du bombardement de la lumière ultraviolette. Ce sont des cyanobactéries, de minuscules algues, dont le développement sera à l'origine d'un autre changement capital. Ces organismes unicellulaires qui ressemblent à de minuscules filaments, d'une taille inférieure à un millième de millimètre, sont des *procaryotes*, c'est-à-dire que leur patrimoine génétique flotte librement à l'intérieur de la cellule, sans être protégé par une quelconque membrane.

Les cyanobactéries sont capables de capter la lumière et de la convertir en énergie dans un processus appelé *photosynthèse*. Elles perfectionneront ce mécanisme en l'adaptant aux différents environnements dans lesquels elles développeront leurs colonies.

La réaction biochimique qui, à partir du dioxyde de carbone et de la lumière du Soleil, conduit à la synthèse de sucres et à la libération d'oxygène, modifie drastiquement l'environnement sur Terre. Au début, l'oxygène produit par les algues est capté par le fer, abondant au fond des océans. Mais lorsque la population de cyanobactéries augmente de façon exponentielle, la quantité d'oxygène que le fer marin ne réussit plus à absorber émerge à l'air libre et provoque une hécatombe. La composition de l'atmosphère terrestre change radicalement, devenant de plus en plus toxique pour tous les organismes qui ne s'adaptent pas aux nouvelles conditions environnementales. C'est la première extinction majeure, qui voit périr une grande variété de formes de vie primordiales, mais ouvre cependant la voie au développement effréné de nouvelles espèces.

Il y a environ 2,4 milliards d'années, l'atmosphère de la Terre contient en permanence un faible pourcentage d'oxygène. Pour nous, humains, cet air est encore irrespirable, mais le processus est en marche, et il est irréversible.

Les organismes vivants, héritiers des premiers procaryotes, développent un noyau protecteur pour leur matériel génétique, et l'avantage évolutif qui en découle détermine le succès des *eucaryotes*. La nouvelle atmosphère, avec sa teneur en oxygène, semble avoir favorisé le développement des premiers organismes multicellulaires, que des découvertes récentes situent il y a environ deux milliards d'années. À partir de là, des formes biologiques de plus en plus complexes prolifèrent, traversent diverses phases de crise et d'expansion et, au fur et à mesure de leur évolution, survivent à de terribles extinctions massives.

Une fantasmagorie de nouvelles structures vivantes voit le jour il y a environ 500 millions d'années, au Cambrien, lorsque la Terre connaît une énorme phase de réchauffement, probablement due à un gigantesque effet de serre. Les niveaux de dioxyde de carbone sont environ 20 fois plus élevés qu'à l'époque moderne et la température moyenne de la planète supérieure de dix degrés à celle d'aujourd'hui. Il en résulte une véritable explosion de vie, avec l'apparition de formes végétales très variées et des premiers vertébrés, poissons et, plus tard, grands reptiles.

Un nouveau cataclysme mélange une fois de plus les cartes. Avec l'impact d'une grande météorite, il y a 65 millions d'années, le climat subit une profonde transformation en raison de la poussière soulevée par la collision. Un froid soudain enveloppe la Terre, provoquant l'extinction massive des grands dinosaures tout en offrant une occasion inespérée aux petits mammifères de survivre et d'occuper les niches écologiques laissées vacantes.

De l'une d'elles, dans une zone de gorges et de savanes de la Corne de l'Afrique, il y a quelques millions d'années, une population de primates va se différencier des espèces qui l'ont précédée par une aptitude sociale marquée et une capacité jusqu'alors inédite à inventer, construire et utiliser des outils. Cette étincelle de conscience de soi, qui se traduit par la planification, la vision et la fabrication d'outils, constituera un énorme avantage évolutif pour les premiers singes anthropomorphes. Les générations suivantes des premiers hominidés colonisent rapidement tous les habitats de la planète, s'adaptant avec souplesse aux différentes conditions environnementales.

Nous voici. En l'espace d'un battement infinitésimal, nous faisons notre entrée dans le grand récit.

Exoplanètes

L'idée que l'univers puisse contenir une multitude de mondes habités remonte aux philosophes présocratiques ioniens. Cette intuition est attribuée à Anaximandre de Milet, brillant élève de Thalès, qui fut également le premier à proposer la théorie révolutionnaire selon laquelle la Terre flotte dans l'espace, sans tomber et sans reposer sur quoi que ce soit.

Le concept de *mondes infinis* a d'abord été repris par les pythagoriciens, puis, avec une grande lucidité, par Épicure et ses disciples à l'époque romaine, à commencer par Lucrèce. Pendant des siècles, il est étouffé par l'aristotélisme dominant, pour réapparaître timidement avec Guillaume d'Occam, et finalement exploser à la Renaissance avec Nicolas de Cues et Giordano Bruno. C'est ce dernier qui répand avec détermination dans toute l'Europe l'idée d'*innombrables soleils et d'un nombre infini de terres tournant autour de ces soleils*; cette activité publique de diffusion d'idées hérétiques hors des cercles restreints de spécialistes lui vaut probablement d'être brûlé en 1600 sur le Campo de' Fiori à Rome.

Aujourd'hui, la science confirme les intuitions de ces courageux penseurs, et pourtant, nous ne pouvons toujours pas répondre à la plus simple des questions : y a-t-il une vie intelligente quelque part dans l'univers ? La loi des grands nombres suggère que cela est hautement probable, mais les éléments recueillis jusqu'à présent ne sont pas suffisants pour parvenir à une conclusion.

Depuis une trentaine d'années, la situation évolue rapidement grâce aux énormes progrès réalisés dans la recherche d'*exoplanètes*, les planètes qui orbitent autour d'une étoile autre que notre Soleil. Jusque récemment, on pensait que la proportion d'étoiles qui rassemblaient autour d'elles des planètes était très faible. Ces dernières années, depuis que les techniques d'identification se sont affinées, il ne se passe pas un mois sans l'annonce de la découverte d'une nouvelle exoplanète. À ce jour, nous en avons trouvé plus de 4 700.

Les toutes premières recherches remontent aux années 1940. À l'époque, les techniques d'observation utilisées, comme les méthodes astrométriques, sont plutôt rudimentaires. Selon les lois de la gravitation, en présence d'une planète, l'étoile mère effectue elle aussi une petite rotation autour du centre de masse du système. Plus la planète est massive, plus le déplacement périodique de l'étoile est important. Les chercheurs traquaient donc une petite perturbation périodique de la position de l'étoile mère, mais les résultats étaient décevants.

Les premières surprises arrivent avec la technique de la vitesse radiale. Celle-ci repose sur le même principe, mais fait appel à des mesures spectroscopiques permettant une plus grande précision. Le spectre d'émission de lumière de l'étoile est analysé et les raies correspondant aux différentes fréquences sont vérifiées dans le temps. Si la présence d'une planète provoque un mouvement orbital de l'étoile, on relève une petite variation périodique de la fréquence de son émission lumineuse due à l'effet Doppler.

Grâce à cette nouvelle technique, on découvre dans les années 1990 les premières planètes extrasolaires, d'énormes corps célestes semblables à notre Jupiter. La première est 51 Pegasi b, découverte par Michel Mayor et Didier Queloz le 6 octobre 1995, et qui leur vaudra le prix Nobel de physique 2019. Ces planètes sont des géantes chaudes, essentiellement gazeuses, qui gravitent très près de leur étoile mère et présentent des températures de surface effrayantes. Elles sont donc peu susceptibles d'abriter une forme de vie.

Ce domaine de recherche connaît un essor extraordinaire avec la mise au point de la méthode du transit planétaire, grâce à laquelle des centaines de milliers d'étoiles peuvent être observées simultanément. Cette technique repose sur la photométrie de précision : on surveille la luminosité de l'étoile et on mesure la très légère baisse qui se produit lorsque la planète passe devant son étoile. Là encore, la perturbation doit être de nature périodique. La forme caractéristique de la perturbation permet d'évaluer la taille de la planète et cette information, combinée à la mesure de la vitesse radiale qui donne la masse, permet de déterminer sa densité.

La sensibilité atteinte par les instruments les plus modernes est telle que le champ d'observation s'étend maintenant sur des milliers d'années-lumière et que des planètes plus petites que Mercure peuvent être identifiées.

Depuis quelques années, la recherche de « nouveaux mondes » a donné des résultats sensationnels. Il est désormais avéré qu'un nombre important d'étoiles dans notre galaxie sont entourées de planètes. Ce n'est donc qu'une question de temps avant que nous ne découvrions des planètes disposant d'une atmosphère et où des formes de vie similaires aux nôtres pourraient s'être développées.

Si une exoplanète est entourée d'une atmosphère, la lumière de l'étoile mère nous parvient après avoir traversé ses couches supérieures. Ce passage altère faiblement certaines de ses caractéristiques, nous permettant d'en déduire des informations essentielles. Grâce à des observations prolongées, il sera bientôt possible de déterminer non seulement si certaines planètes ont une atmosphère, mais aussi si cette dernière contient de l'eau, du dioxyde de carbone ou du méthane. Bien sûr, cela ne garantit pas la présence de formes de vie, qu'elles soient similaires ou pas à celles que nous connaissons. Ce que suggèrent les chiffres et les probabilités est malgré tout encourageant.

Si l'on estime que chaque galaxie renferme une centaine de milliards d'étoiles, nous devons aussi supposer qu'il existe un nombre énorme de planètes rocheuses. Même si nous excluons celles qui orbitent dans des zones inhospitalières, cela nous laisse encore beaucoup de planètes compatibles avec la vie, c'est-à-dire susceptibles de renfermer de l'eau à l'état liquide.

Comme nous l'avons vu, cela ne suffit pas à créer les conditions favorables au développement des formes délicates et complexes des structures biologiques. La masse de la planète joue ici un rôle important : elle doit être suffisamment importante pour retenir une atmosphère grâce à sa gravité. Un champ magnétique est également nécessaire pour protéger la planète du rayonnement cosmique. Enfin, avoir une orbite stable et être situé dans une zone de la galaxie éloignée des grandes catastrophes est d'une grande aide. Mais surtout, il faut du temps : certaines conditions de stabilité doivent durer pendant des milliards d'années.

Kepler, un télescope spatial de la NASA baptisé du nom du grand astronome allemand, a détecté 2 662 planètes extrasolaires entre mars 2009 et octobre 2018. Un groupe d'astronomes belges travaillant avec les données de l'observatoire de La Silla au Chili a pour sa part identifié Trappist-1, un mini système solaire en orbite autour d'une naine rouge, un petit soleil situé à seulement 39,5 années-lumière de la Terre, dans la constellation du Verseau. Il contient sept planètes rocheuses, dont certaines sont remarquablement semblables à notre Terre, et trois d'entre elles se trouvent dans la zone dite *habitable*, c'est-à-dire à une distance de l'étoile mère qui autorise des températures similaires aux nôtres. S'il y avait de l'eau, elle pourrait former des lacs et des océans ressemblant à ceux qui couvrent notre belle planète. Maintenant que nous savons où chercher, nous allons essayer de mieux cerner toutes les caractéristiques de ce système, et peut-être de vérifier si l'une de ces planètes possède une atmosphère.

Au vu de ce que nous savons pour l'instant, Trappist-1 est bien trop jeune pour renfermer des formes de vie, puisque ce petit système solaire n'a que 400 millions d'années, mais nous ne sommes qu'au début d'une longue série de découvertes. Le compte à rebours a déjà commencé. D'ici quelques années, lorsque nous serons en mesure de recueillir les premières données qui lèveront nos derniers doutes sur l'existence d'autres mondes habités, un double défi s'ouvrira : d'une part, absorber ce véritable choc culturel ; d'autre part, chercher, même si les distances sont énormes, des technologies adaptées pour entrer en contact, voire rejoindre ces nouveaux mondes. Une fois de plus, la science avance à pas de géant et renverse sans préavis des paradigmes qui semblaient immuables.

Mais revenons à notre récit des origines qui arrive à son terme, 13,8 milliards d'années après le commencement. Le septième jour prend fin au moment précis où l'un de nos lointains ancêtres se lève et commence à raconter cette histoire, tandis que les autres font cercle et l'écoutent, captivés.

Ce qui fait de nous des humains

Personne ne saura jamais exactement quand cela s'est produit, ni qui a été le premier. Il n'y a aucun espoir de reconstituer le langage qu'il utilisait, et encore moins le message qu'il désirait communiquer au petit groupe : célébrait-il un moment d'euphorie et de joie collective, ou tentait-il d'offrir une consolation après un terrible malheur ?

Tout ce que nous savons, c'est que quelqu'un, à un moment donné de notre histoire, a commencé à raconter une histoire. Il s'agissait sûrement d'un individu plus imaginatif que les autres, souffrant peut-être d'une pathologie psychique, ou simplement plus agité, qui enchaînait les mots de manière surprenante. Nous ne pouvons qu'imaginer la scène : à l'intérieur d'une grotte faiblement éclairée, un clan familial de dix à quinze individus est assis autour de celui ou de celle qui découvre le pouvoir de fasciner les autres, de les lier à l'aide d'un fil magique de paroles. Une chaîne d'expressions utilisées dans un nouveau contexte, libérées de leur fonction utilitaire, s'envole dans les airs pour devenir chanson, poésie, savoir collectif. Des mots rituels qui acquièrent une profonde valeur symbolique et fascinent l'assemblée.

La construction du symbolique

Les fouilles et les découvertes faites depuis des décennies situent les premières manifestations d'un univers symbolique chez les Néandertaliens. Nous parlons d'une espèce dont la présence en Europe est attestée des centaines de milliers d'années avant l'arrivée d'*Homo sapiens*, il y a environ 40 000 ans.

Tous deux, *Homo neanderthalensis* et *Homo sapiens*, descendraient d'un ancêtre commun, *Homo heidelbergensis*, qui aurait évolué en Afrique à partir d'*Homo erectus* il y a plus d'un million d'années. Après avoir colonisé le continent, cette espèce se serait répandue il y a environ 600 000 ans en Europe, peut-être même en Asie, à la faveur d'une période interglaciaire. Les *Homo sapiens* seraient issus des *Homo heidelbergensis* restés en Afrique, tandis que les Néandertaliens dériveraient de ceux qui s'étaient installés en Europe. Les deux espèces, évoluant dans des environnements et des contextes complètement différents, développent des caractères différents, mais elles sont très proches d'un point de vue génétique. Nous parlons de parents proches, si ce n'est des frères, des cousins.

Les caractéristiques physiques des Néandertaliens ont contribué à faire naître des préjugés à leur égard. Plus massifs et robustes que les longilignes *Homo sapiens*, ils nous ont toujours semblé plus primitifs et moins développés. En réalité, ces caractéristiques physiques sont le résultat d'une adaptation extraordinaire à un environnement particulièrement difficile.

L'Europe que les Néandertaliens occupent pendant des centaines de milliers d'années présente un climat inhospitalier, où de courtes périodes de chaleur alternent avec de très longues périodes glaciaires qui mettent à rude épreuve la capacité de survie des espèces qui l'habitent. C'est le manque de soleil qui provoque chez les Néandertaliens la mutation génétique qui leur donne une peau blanche, beaucoup plus claire que celle de leurs ancêtres et que la nôtre, nous *Homo sapiens*, lorsque nous les avons rencontrés à notre arrivée d'Afrique. Beaucoup d'entre eux ont des cheveux bruns, blonds ou roux et des yeux clairs. Ils exhibent tous un physique puissant, avec une ossature solide et des muscles développés, autant d'outils décisifs pour résister au climat et survivre en territoire hostile. Leur capacité crânienne est supérieure à celle des *Homo sapiens* : leur cerveau est plus grand que le nôtre, mais leur tête est de forme ovoïde, semblable à celle d'un ballon de rugby, avec un front bas et saillant et un os occipital important. Ils ont un grand nez, des sourcils presque réunis et un prognathisme facial marqué.

En bref, l'apparence de l'homme de Néandertal ne cadre pas avec les canons de beauté que nous, *Homo sapiens*, avons établis à notre image. Toutefois, si nous croisions l'un d'eux dans le métro, vêtu d'un costume et d'une cravate, nous ne serions pas plus surpris que cela. On trouve parmi les infinies variations individuelles de la population humaine des traits extrêmement proches de ceux de cette espèce éteinte. Malgré leur apparence un peu rustre, nos cousins ont bel et bien été capables de développer l'un des outils de survie les plus puissants : un univers symbolique.

Les Néandertaliens sont de puissants athlètes et suivent un régime riche en protéines, le seul qui leur permette de survivre dans le climat rigoureux de l'Europe glaciaire. Pour s'abriter et se protéger, ils s'enveloppent de peaux d'animaux qu'ils écorchent et grattent habilement; avec leurs mains aux muscles puissants, ils fabriquent des outils en pierre ou en bois très sophistiqués. Ils transforment des silex en outils tranchants et pointus, selon une technique de taille dite *moustérienne* qui se diffusera dans toute l'Europe, dont témoignent les produits de leur art extraordinaire : pointes, disques, lames, racloirs et magnifiques bifaces. Beaucoup de ces outils, taillés en lames ou en pointes, sont fixés avec du bitume sur des morceaux de bois, comme les longues lances, pour les rendre plus meurtriers.

Les Néandertaliens sont omnivores, mais leur régime alimentaire est composé pour moitié de viande. Lorsqu'ils trouvent de grandes carcasses, ce sont des nécrophiles opportunistes, mais ils sont avant tout de très habiles chasseurs. Ils utilisent des lances aux pointes durcies par le feu et des sagaies de plus de deux mètres de long; ainsi armés, ils ne reculent devant aucune proie, ours et éléphants inclus.

Or pour chasser le gros gibier, il faut avoir un plan, le partager avec d'autres chasseurs, définir les rôles et être en mesure de communiquer avec votre clan. Des groupes doivent émettre des cris et des sons pour rabattre le gibier vers un piège ou un endroit déterminé à l'avance où les chasseurs les plus forts et les plus courageux pourront attaquer et porter le coup fatal sans prendre trop de risques. Il est probable que tout le clan participe à la chasse malgré ses dangers. Les membres du groupe en retirent souvent de terribles blessures; les ossements retrouvés portent la trace de nombreuses fractures. Les groupes soignent et assistent leurs blessés, comme en témoigne l'âge avancé (pour l'époque) de certains individus aux blessures évidentes, ce qui n'aurait pas été possible sans l'aide de membres plus jeunes et le soutien de toute la communauté.

Avec une organisation sociale aussi articulée, il n'est guère surprenant que les Néandertaliens aient eu une vie culturelle complexe. Des découvertes récentes laissent à penser qu'ils enterraient leurs morts en position fœtale, le corps peint en rouge ; des parures teintes à l'ocre, des plumes, des colliers faits de dents de cerf ou de griffes d'aigle ont également été retrouvés.

L'utilisation de l'ocre est particulièrement significative, car le rouge est la couleur du sang. Dans le sang, on naît et on meurt. Si vous enterrez des cadavres en position fœtale et que vous teignez leurs corps en rouge, vous imaginez peut-être que la mort est une nouvelle naissance. C'est un indice important. Une société constituée de petits groupes et soumise à une pression constante pour survivre consacre un temps et une énergie précieux à préparer leurs morts et à organiser des rituels de deuil. De toute évidence, cette civilisation considère son univers symbolique comme presque plus important que la nourriture ; au point de tenir pour essentiel l'ensemble des rites et des cérémonies qui alimentent et donnent corps à sa vision du monde.

D'autres résultats de fouilles renforcent cette hypothèse. Dans une grotte profonde, à des centaines de mètres de l'entrée, des cercles impressionnants faits de morceaux de stalactites ont été découverts. Qui a poussé ces groupes à parcourir de si longues distances dans les méandres privés de lumière des entrailles de la Terre ? Pourquoi se donner la peine de briser et de transporter des pierres pesant des dizaines de kilogrammes vers un lieu convenu à l'avance ? Et pourquoi déployer autant d'efforts pour les disposer en cercle ? Il est évident que ces activités avaient un sens important ; les structures circulaires avaient une fonction rituelle que nous ne connaîtrons peut-être jamais, mais qui était considérée comme fondamentale, au point d'y consacrer du temps et des efforts non négligeables. On peut imaginer quelque chose de similaire pour des objets de dimensions moins imposantes, mais dont la fonction est tout aussi intrigante : des os gravés avec des signes géométriques, une petite flûte faite du même matériel, quelques bifaces sculptés dans du cristal de roche ou d'autres pierres précieuses, jamais utilisés à des fins pratiques et peut-être liés à des cérémonies rituelles irrémédiablement perdues.

Les derniers doutes sur l'existence d'un univers symbolique des Néandertaliens ont été balayés lorsqu'il a été possible de dater avec précision des peintures rupestres découvertes en Espagne : une douzaine d'entre elles ont survécu au temps dans trois grottes. Elles remontent à plus de 65 000 ans, soit 20 000 ans avant l'arrivée d'*Homo sapiens* sur le continent européen. Pour que la surprise soit complète, des chercheurs ont trouvé dans la Cueva de los Aviones, une grotte du sud-est de l'Espagne, de nombreux coquillages marins perforés et décorés, dont certains contenaient des traces de pigments rouges, jaunes et noirs datant d'au moins 115 000 ans. Il s'agit peut-être des récipients utilisés pour préparer les couleurs des peintures sur les murs, représentant des groupes d'animaux, des points, des figures géométriques et des empreintes de mains en ocre et en noir.

Nous ne savons pas ce que ces signes, ces peintures et ces graffitis représentaient pour les personnes qui les ont tracés. Il y a des symboles, une échelle, des animaux et des scènes de chasse. Ils sont dessinés avec habileté, par une main sûre. Nous avons tendance à interpréter les peintures rupestres de nos lointains ancêtres de manière naturaliste, y compris les fresques merveilleuses produites par *Homo sapiens* des dizaines de milliers d'années plus tard – je pense à celles des grottes d'Altamira ou de Lascaux, qui remontent à environ 18 000 ans. Elles représentent de longues séries d'animaux, quelques humains et des scènes de chasse. Mais pouvons-nous vraiment penser que nos ancêtres sont descendus dans des grottes obscures, les ont éclairées à la faible lumière de torches ou de feux spécialement allumés, ont cherché des couleurs avant de les mélanger de manière experte, se sont entraînés pendant des années, et tout cela pour représenter des scènes de la vie quotidienne ?

Derrière chaque main à l'œuvre dans ces grottes, il y a une école, faite de grande discipline et de sélections rigoureuses. Seuls les plus doués pouvaient bénéficier du privilège d'être exemptés, du moins en partie, du dur labeur de la survie pour se consacrer à ces activités. Chez les *Homo sapiens*, et avant eux chez les Néandertaliens, il y avait probablement de grands maîtres, hommes ou femmes, qui transmettaient leurs précieuses compétences techniques à leurs élèves les plus prometteurs. Soutenir que ces peintures servaient à expliquer les techniques de chasse aux jeunes équivaut à interpréter l'index du Dieu créateur touchant celui d'Adam dans la chapelle Sixtine comme une salutation juive typique. Derrière le détail de ces fresques se cache tout un univers symbolique, la pierre angulaire d'une société qui cherche à s'auto-célébrer et à se perpétuer.

Nous ne découvrirons jamais la signification que les Néandertaliens attachaient à leurs représentations, mais nous savons que ces œuvres avaient une immense valeur à leurs yeux ; les rites et les cérémonies qui se déroulaient dans ces grottes étaient probablement d'une importance vitale pour la cohésion de ces sociétés. L'hypothèse selon laquelle les *Homo sapiens* auraient supplanté les Néandertaliens parce qu'ils possédaient un langage plus riche, une structure sociale plus articulée et un univers symbolique plus développé s'est révélée complètement erronée.

L'émergence de la pensée symbolique marque une étape fondamentale dans l'évolution humaine. Nous savons aujourd'hui que les capacités cognitives plus sophistiquées que ce développement implique ne sont pas la prérogative d'*Homo sapiens*, mais ont des origines bien plus anciennes, partagées par les Néandertaliens. Peut-être, pour établir leur genèse, faudra-t-il remonter encore plus loin dans le temps, en concentrant nos recherches sur les premiers Néandertaliens, voire en remontant jusqu'à l'ancêtre commun dont sont issues les deux espèces.

Ce qui est certain, c'est que la construction du grand récit des origines, si étroitement lié au processus qui nous a rendus humains, plonge ses racines dans la nuit des temps.

Au commencement était le Thauma

Dans le *Théétète*, Platon fait dire à Socrate : « D'un philosophe ceci est le pathos : le *thaumazein*. Il n'existe pas d'autre origine de la philosophie. » Aristote aussi, dans le célèbre passage qui ouvre le premier livre de la *Métaphysique*, écrit : « C'est en effet le *thaumazein* qui poussa comme aujourd'hui, les premiers penseurs aux spéculations philosophiques. » Ce terme, qui contient la racine *thauma*, la même qui apparaît dans « thaumaturge », est souvent traduit par « étonnement, émerveillement ». La philosophie naîtrait de la stupeur mêlée de curiosité que nous éprouvons devant quelque chose d'inexplicable, qui nous fascine et nous dépasse. Aristote écrit explicitement que l'humanité, en commençant par se poser des questions simples, se confronte à des phénomènes de plus en plus complexes qui la portent à s'interroger sur la nature de la Lune, du Soleil et des autres astres, pour en venir à l'origine de l'univers entier.

L'émerveillement que nous ressentons en contemplant le ciel étoilé est aujourd'hui encore une émotion intense, qui porte en elle l'écho de l'antique stupeur éprouvée par les milliers de générations qui nous ont précédés. Mais ce sentiment n'est peut-être pas suffisant pour comprendre d'où vient ce besoin profond, primordial, presque inné, de chercher une réponse aux grandes questions.

Ce thème a été repris par Emanuele Severino, un philosophe italien contemporain, qui a insisté sur la nécessité de traduire *thauma* par « émerveillement mêlé d'angoisse » pour retrouver le sens originel du mot. Selon lui, la connaissance agirait comme un « antidote à la terreur provoquée par l'événement annihilant venant du néant ».

En effet, le terme est utilisé par Homère dans ce sens pour décrire Polyphème, le cyclope sans foi ni loi qui démembre et dévore les malheureux compagnons d'Ulysse. Dans ce cas, le lien implicite avec l'angoisse est plus évident. La vue du mythique cyclope, un monstre au corps colossal, suscite à la fois étonnement et terreur. Le géant, symbole de la puissance sauvage de la nature, suscite à la fois l'émerveillement par sa force prodigieuse et l'angoisse par le sentiment d'insignifiance et de fugacité qu'il inspire. Les forces déchaînées de la nature, un volcan en éruption, un terrible ouragan, nous fascinent et nous terrorisent à la fois, car elles peuvent faire voler notre monde en éclats et nous engloutir en un instant. Dans cette représentation grandiose, le rôle que jouent les humains, ces petits êtres fragiles, continuellement exposés à la souffrance et à la mort, est dérisoire.

C'est ici qu'intervient le récit des origines, l'explication, qu'elle soit mythique ou religieuse, philosophique ou scientifique : à ce moment précis, elle nous réconforte et nous rassure, elle met de l'ordre dans la séquence incontrôlable des événements et tient ainsi à distance l'angoisse et la terreur. Ce récit, dans lequel tout le monde a un rôle et chacun récite sa partie, donne un sens au grand cycle de la vie. Nous sommes rassurés, car nous nous sentons protégés, et notre peur de mourir s'atténue. Nous restons conscients que tout se terminera un jour pour nous, et très vite par rapport aux grands cycles temporels d'évolution des structures matérielles qui nous entourent, mais savoir que l'ensemble obéit à un ordre décrit par le récit nous rassure.

Depuis des millions d'années, l'humanité affronte quotidiennement la dureté de l'existence. Au cours des dernières décennies, et pour une partie seulement de la population mondiale, cette expérience d'extrême fragilité et de précarité totale s'est atténuée. Mais au fond de nos âmes, l'angoisse ancestrale est toujours là. Nous sommes tous comme Léo, l'enfant protagoniste de *Melancholia* qui, face à l'inévitable catastrophe qui va frapper la Terre, cherche protection et consolation. Il a besoin que quelqu'un lui dise « n'aie pas peur, il ne peut rien t'arriver ». Ce sera sa tante Justine, d'ordinaire anéantie par une forte dépression ; au moment fatidique, alors que les sains et les normaux perdront la tête, ce sera celle qui aura le comportement le plus lucide et trouvera la force de maintenir son humanité. La petite tente dans laquelle elle se réfugie avec l'enfant ne les protégera pas de la catastrophe, mais jusqu'au dernier moment avant la collision, dans les bras accueillants de sa tante, bercé par sa voix calme, il se sentira en sécurité.

L'art, la beauté, la philosophie, la religion, la science, en un mot la culture, sont notre tente magique et nous en avons désespérément besoin depuis des temps immémoriaux. Selon toute vraisemblance, ils sont apparus ensemble, ce sont les formes différentes qu'a revêtues la pensée symbolique. Il est facile d'imaginer que les rythmes et les assonances des mots ont facilité la transmission mnémonique du récit des origines, et qu'avec lui sont nés le chant et la poésie ; qu'il en a été de même pour les signes et les symboles représentés sur les murs, avec une perfection formelle de plus en plus sophistiquée ; ou que, lors des rites et des cérémonies qui accompagnaient les moments de fête ou de deuil, des sons réguliers accompagnaient les mouvements rythmiques du corps ou le chant du sage ou du chaman. La science fait partie de l'histoire, et ce n'est pas un hasard si elle est à la fois *episteme* et *techne*, connaissance et capacité de produire des outils, des objets et des machines.

Pour les Grecs, *techne*, la racine de « technique », désignait une activité à la fois artisanale et artistique. Lors de la production de silex à double face, l'exigence technique de disposer d'un outil tranchant et facile à manier se mêlait intimement à l'exigence esthétique de produire un outil symétrique, fin, parfaitement équilibré, en un mot, beau, comme un objet d'art.

Ces exigences sont apparemment impérieuses chez tous les groupes humains qui ont parcouru la Terre depuis des millénaires. Même les tribus isolées les plus reculées que nous découvrons de temps à autre dans une forêt de Bornéo ou d'Amazonie ont développé leurs propres rituels, leurs propres formes d'expression artistique et leur propre univers symbolique, le tout construit autour d'un grand récit des origines. Sans lui, non seulement aucune grande civilisation ne peut être construite, mais même la structure sociale la plus élémentaire ne peut survivre. C'est la raison pour laquelle tous les groupes humains de notre planète sont caractérisés par de fortes caractéristiques culturelles.

Le pouvoir de l'imagination

La culture, la conscience de soi et de ses racines les plus profondes, sont une sorte de superpouvoir qui garantit une meilleure chance de survie, même dans les conditions les plus extrêmes. Imaginons deux groupes sociaux primitifs, des petits clans de Néandertaliens vivant isolés les uns des autres dans l'Europe glacée de l'époque. Supposons que, par hasard, l'un des deux groupes ait sa propre vision du monde, cultivée et transmise pendant des générations lors de rituels et de cérémonies et peut-être représentée sur les parois des grottes qui abritent le groupe, tandis que l'autre en est privé, c'est-à-dire qu'il a évolué sans développer aucune forme sophistiquée de culture. Supposons maintenant qu'une terrible tragédie s'abatte sur les deux groupes : une inondation ou une période de grand froid, ou peut-être une attaque de bêtes sauvages qui extermine tous les membres du clan sauf un. L'unique survivant de chacun des deux groupes devra surmonter mille dangers, affronter toutes les formes de privation, se déplacer vers d'autres régions et peut-être survivre aux attaques d'autres humains. Lequel des deux fera preuve de plus de résilience ? Qui aura les meilleures chances de survie ?

Le grand récit des origines vous donne la force de vous relever quand vous êtes à terre, la motivation pour affronter les épreuves les plus difficiles. En vous agrippant à la couverture qui vous protège et vous donne une identité, vous endurerez. Se situer soi-même et son clan dans une longue chaîne d'événements, enracinés dans un passé lointain, permet d'imaginer un avenir. Ceux qui ont cette faculté sont en mesure de replacer les vicissitudes du présent dans un contexte plus large. En donnant un sens à leurs souffrances, ils sont mieux armés pour survivre aux plus terribles tragédies.

Voici pourquoi des milliers de générations plus tard, nous nous retrouvons encore à valoriser l'art, la philosophie, la science. Parce que nous sommes les héritiers de cette sélection naturelle. Les individus et les groupes les plus aptes à développer un univers symbolique ont bénéficié d'un avantage évolutif majeur et c'est d'eux que nous descendons.

La puissance du symbolique et le pouvoir de l'imagination ne devraient pas nous surprendre. Notre nature d'animaux sociaux est quelque chose de plus profond et de plus constitutif que le simple fait de vivre en groupes organisés.

Ces dernières années, des projets scientifiques très ambitieux ont été lancés dans le monde entier pour étudier le fonctionnement du cerveau humain. Ces initiatives multidisciplinaires, généreusement financées, rassemblent des milliers de scientifiques. Dans de nombreux cas, pour comprendre en détail certains mécanismes de base, des réseaux de neurones simulés électroniquement ainsi que leurs interactions ont été construits. Tout cela est très utile pour comprendre certaines dynamiques de fonctionnement, mais pourquoi les neuroscientifiques eux-mêmes nous disent-ils qu'étendre ces structures élémentaires pour tenter de produire un cerveau artificiel n'aurait aucun sens ?

Il ne s'agit pas seulement de surmonter des difficultés techniques majeures ; notre boîte crânienne abrite près de 90 milliards de neurones, chacun étant capable d'établir jusqu'à 10 000 synapses avec ses voisins. La question est plus fondamentale. Même s'il était possible de construire un appareil électronique aussi complexe qui reproduise exactement la structure de notre cerveau, ce ne serait pas un cerveau humain. Il lui manquerait encore un ingrédient essentiel qu'il est beaucoup plus compliqué de reproduire sous forme électronique : l'interaction avec d'autres cerveaux humains, médiée par le langage, les relations corporelles et émotionnelles. En d'autres termes, nous devenons humains dans les yeux des autres, à travers leurs regards et nos échanges émotionnels, en interagissant avec les autres humains qui entrent en relation avec nous dans un groupe social.

Le cerveau plastique du nourrisson se forme dans la relation au monde médiée par les adultes qui s'occupent de lui, à commencer par le regard de sa mère. L'enfant, qui plonge son regard dans les yeux de ceux qui le nourrissent, modifie ses synapses sur la base des réactions produites dans cette relation. Cet objet que nous appelons le *cerveau humain* naît de l'interaction entre ce système plastique, capable de s'adapter et de répondre aux stimuli provenant de l'extérieur, et l'ensemble des rapports qui s'instaurent avec le reste du groupe social. C'est une relation qui se nourrit de désirs et d'espoirs, et qui commence avant même que l'embryon ne s'implante dans le corps de la mère. Elle dialogue avec les rêves des parents, qui précèdent la naissance du nouvel être, et se confronte au passé, aux générations précédentes. Elle se projette dans le futur à travers les représentations qu'un petit groupe social construit autour de la figure du petit arrivant : les grands-parents, les parents et leurs proches discernent des ressemblances et renouent avec de vieilles histoires, d'anciennes peurs, tandis que de nouvelles attentes affleurent au milieu des souvenirs. Aucun appareil électronique ne peut reproduire tout cela.

Les trajectoires des « enfants sauvages », ces bébés abandonnés en bas âge dans des endroits reculés et élevés par des animaux, en sont la preuve. Leur cerveau est structurellement identique à celui de leurs pairs, mais ils n'ont pas pu devenir pleinement humains en raison de l'absence de relations à un moment crucial dans leur formation. Aucun traitement ultérieur ne sera en mesure de combler complètement ce manque.

Lorsque l'imagination et la narration sont cultivées au sein du groupe, elles deviennent de puissants outils de survie. Celui qui écoute et vit en imagination les expériences des autres accumule des connaissances. Le récit condense les enseignements recueillis par les générations qui nous ont précédés, il nous permet de comprendre, d'acquérir de l'expérience et de vivre mille vies. L'imagination rend vivantes peurs et émotions, souffrances et dangers. Les valeurs du groupe, les règles qui le préservent et régissent son développement sont ainsi réaffirmées et mémorisées à travers les générations.

L'imagination, développée et encouragée dans les groupes sociaux les plus avancés culturellement, est l'arme la plus puissante que l'humanité ait jamais développée. Elle a également donné naissance à la science qui, ayant choisi de fonder ses récits sur la vérification expérimentale, a dû développer des techniques toujours plus inventives et des visions toujours plus hardies. Pour explorer les recoins les plus secrets de la matière et de l'univers, la science a dû dépasser toutes les limites et a transformé l'histoire des origines en un voyage extraordinaire.

Au cours de ce périple, d'Anaximandre à Heisenberg et Einstein, la science a souvent remis en cause les paradigmes de l'humanité, et elle continue sur sa lancée. La science progresse constamment et bouleverse la façon dont nous voyons et racontons le monde. Chaque fois que cela arrive, tout change. Non seulement en raison des outils et des technologies qui sont créés, mais surtout parce que le changement de paradigme s'accompagne d'une modification de nos relations. Lorsque nous regardons le monde avec des yeux différents, notre culture, notre art et notre philosophie changent. Connaître et anticiper ces évolutions, c'est disposer des outils nécessaires pour construire une meilleure communauté d'humains.

C'est pourquoi l'art, la science et la philosophie sont encore aujourd'hui des disciplines fondamentales, celles qui donnent corps à notre humanité. Cette vision unifiée du monde, née dans notre passé le plus lointain, reste l'outil le plus adapté pour affronter les défis de l'avenir.

Épilogue

Le massacre de l'Assomption

Modica, 21 février 2018. La vallée de Noto en Sicile est parsemée de villages enchanteurs, mais lorsque vous arrivez à Modica, surtout de nuit, le charme opère instantanément. La ville est coupée en deux par l'éperon du Pizzo, dominé par le Château des Comtes ; ses maisons serrées les unes contre les autres couvrent les flancs de la montagne où s'ouvrent encore d'anciennes grottes ; d'innombrables églises baroques surplombent d'imposants escaliers. Modica est une merveille inattendue.

Je m'y trouve pour parler de l'origine de l'univers lors d'une conférence qui se tiendra demain, dédiée au philosophe, médecin et scientifique Tommaso Campailla. La ville où il est né en 1668 a décidé de célébrer sa naissance en organisant une initiative qui emprunte son nom au titre de son œuvre la plus importante : *Adam, ou le Monde créé*. Campailla, fin exégète de Descartes, qui correspondait avec les grands personnages de l'époque – au point que George Berkeley lui rend visite à Modica –, écrit ce poème philosophique en vers comme une synthèse de la création. Demain, en prenant ce texte comme point de départ, nous parlerons de la Bible et de la Genèse, de création et de science. Les deux autres conférenciers invités sont Shalom Bahbout, le grand rabbin de Venise, et le père Cesare Geroldi, jésuite et théologien.

Ce soir, nous dînons ensemble dans un excellent restaurant tenu par une famille d'origine juive, et le menu est strictement kasher. À notre table se trouvent des représentants de la petite communauté juive locale, qui collectent des fonds pour rouvrir une synagogue. Au cours du dîner, quelqu'un évoque le massacre de l'Assomption, un épisode lointain de l'histoire de Modica qui a profondément affecté la vie de l'ancienne communauté.

Nous sommes en 1474 et la ville abrite une importante communauté juive depuis des siècles, majoritairement dans le quartier dit juif, la Giudecca. Pour le sermon du jour de l'Assomption, un frère dominicain, Giovanni da Pistoia, célèbre pour ses homélies enflammées, arrive de Raguse pour célébrer la messe en l'église de Sainte Marie de Bethléem. Depuis un certain temps, les Juifs sont obligés d'assister au service afin de les inciter à se convertir. Leur présence n'a jusqu'ici jamais suscité d'incidents particuliers, mais ce dimanche, quelque chose tourne mal. Une émeute éclate dans la foule, des personnes agressées, il y a des morts. Une horde armée de piques, de couteaux et d'outils attaque les Juifs présents et ensanglante le parvis. Au cri de « Vive Marie ! Mort aux Juifs ! », hommes, femmes et enfants sont égorgés. La foule se dirige ensuite vers la Giudecca et les maisons sont prises d'assaut. Des centaines de personnes sont tuées, toutes les maisons sont pillées et la synagogue incendiée. La chasse au Juif dure plusieurs jours. Les rares survivants de ce terrible pogrom se réfugient dans les grottes ou fuient vers d'autres villes en quête de protection. Depuis ce dimanche sanglant, les Juifs de Modica n'ont plus de lieu de culte et les descendants de cette petite communauté, après avoir enduré d'interminables épreuves, y compris les lois raciales et les déportations, veulent reconstruire leur synagogue.

Le lendemain, à la conférence, je prends la parole en premier et je raconte la naissance de l'univers telle que la décrit la science. C'est ensuite au tour du père Cesare Geroldi, un jésuite et théologien de Crema qui a vécu de nombreuses années à Jérusalem et a supervisé une nouvelle traduction du livre de la Genèse. Le père Geroldi a un physique imposant et c'est un grand conteur, fascinant et charismatique.

Le début de son discours est fulgurant : « Le professeur Tonelli a évoqué pour vous la naissance de l'univers. Ce qu'il vous a raconté est la description la plus précise que nous ayons de ce qui s'est passé il y a 13,8 milliards d'années, dans un passé très lointain. Pour ma part, je vais vous parler de la Genèse. Un livre qui parle du futur. » Et il poursuit en affirmant que pour comprendre le livre de la Genèse, il faut partir de l'époque et du contexte dans lesquels il a été écrit.

Il est désormais à peu près certain que nous avons affaire à deux livres, écrits à des époques différentes et par des mains différentes, avant d'être intégrés dans le premier livre de la Torah. Le bibliste mentionne les nombreuses contradictions entre les deux versions. Il souligne les variations de langage et de style et la narration différente des mêmes événements ; non seulement la séquence des faits varie (les plantes et animaux sont par exemple créés avant ou après l'homme selon la version considérée), mais même le nom du principal protagoniste change : l'*Elohim* de la première Genèse devient l'imprononçable *Yhwh* de la seconde.

Mais le plus important doit encore suivre, lorsqu'il raconte le contexte dans lequel le plus saint des livres a été écrit. Nous sommes à Babylone, au VIe siècle avant notre ère. Nabuchodonosor II, après avoir conquis Jérusalem et détruit le Temple, a déporté l'élite religieuse, sociale et intellectuelle du peuple juif. C'est le plus terrible des malheurs, et pour l'ancienne religion d'Abraham et de Moïse, la dernière heure semble avoir sonné. Les membres les plus fiers du peuple élu, humiliés et arrachés à leur terre, doivent résister à l'immense pouvoir de leurs vainqueurs, qui n'est pas seulement matériel et militaire. Nabuchodonosor, roi de l'univers, représente une civilisation sans équivalent à l'époque. Babylone est la plus grande ville du monde et brille par ses merveilles ; ses savants excellent dans toutes les disciplines et ont rassemblé dans des milliers de tablettes et de papyrus les connaissances accumulées depuis des millénaires.

Confrontés à la civilisation de l'écrit développée par les Assyro-Babyloniens, les sages hébreux décident de recueillir pour la première fois dans un texte écrit l'histoire des origines du peuple juif. À l'heure la plus sombre, ils se raccrochent au texte qui renferme leur identité, leurs racines les plus profondes. C'est au livre sacré qu'ils confient leur espoir de surmonter la série de malheurs qui les a frappés : en racontant l'origine du monde, ils cherchent leur avenir, ils rêvent de retourner à Jérusalem et de reconstruire le Temple et leur glorieuse civilisation.

Pendant des millénaires, des générations de familles juives contraintes d'endurer les épreuves les plus difficiles auront la même réaction. En s'agrippant à la Bible, ils réussiront à surmonter les plus terribles persécutions. Il en ira ainsi pour les petites communautés juives ayant survécu au massacre de l'Assomption à Modica.

C'est de là qu'est née l'idée d'écrire ce livre et de l'appeler *Genèse.* Pour que nous puissions tous nous approprier un grand récit des origines que la science moderne nous rapporte, comprendre nos racines les plus profondes et y trouver des points d'appui pour affronter l'avenir.

Glossaire

Chaîne proton-proton
Ensemble des réactions de fusion nucléaire qui transforment l'hydrogène en hélium à partir de la fusion de deux protons.

Champ scalairc
Champ décrit par un seul nombre (la distribution de la température par exemple).

Conservation du nombre de leptons
Dans les réactions entre particules élémentaires, la différence entre le nombre de leptons et le nombre d'antileptons reste constante.

Corps noir
Objet idéal capable d'absorber toutes les formes de rayonnement électromagnétique sans les réfléchir.

Cycle ou chaîne carbone-azote-oxygène
Ensemble de réactions nucléaires conduisant à la fusion de quatre protons dans un noyau d'hélium grâce à l'action catalytique des isotopes du carbone, de l'azote et de l'oxygène.

Densité critique
Valeur de la densité qui sépare l'univers fermé, dominé par la gravité, de l'univers ouvert, lui-même dominé par l'expansion de l'espace-temps.

Énergie sombre
Forme d'énergie hypothétique qui semble produire une répulsion entre les masses. Elle est liée à l'expansion accélérée de l'univers.

Forces de marée
Effet gravitationnel qui tend à étirer les corps lorsqu'ils sont soumis à des forces d'attraction qui varient considérablement sur des distances comparables aux dimensions des corps eux-mêmes.

Force électrofaible
Résultat de l'unification de l'électromagnétisme et de la force faible, qui constituent avec la gravité et la force forte les quatre interactions fondamentales de la nature.

Inflaton
Particule associée à un champ scalaire responsable de l'expansion initiale de l'univers.

Isotopes
Éléments chimiques ayant le même numéro atomique et une masse atomique différente : leurs noyaux contiennent le même nombre de protons et un nombre différent de neutrons.

Isotropie
Caractéristique d'un système dont les propriétés ne dépendent pas de la direction.

Lentilles gravitationnelles
Phénomène optique prédit par la relativité générale. Il se produit lorsque de grandes distributions de masse parviennent à déformer la trajectoire des rayons lumineux.

Moment angulaire ou moment cinétique
Équivalent de la quantité de mouvement pour les rotations. C'est une grandeur vectorielle qui est conservée dans les systèmes symétriques lors des rotations dans l'espace.

Particules virtuelles
Le vide peut générer par le biais des fluctuations quantiques des particules éphémères, semblables à des particules réelles, sauf que leur existence est limitée par le principe d'incertitude.

Polarisation
Phénomène qui, dans le cas des ondes électromagnétiques, définit la direction de l'oscillation du champ électrique pendant la propagation de l'onde.

Spin
Propriété des particules élémentaires parfois associée à un moment angulaire intrinsèque.

Tableau périodique des éléments
Tableau des éléments chimiques regroupés en familles, dont les propriétés dépendent de la structure atomique des composants.

Temps de Planck
$\sim 10^{-43}$ seconde, le plus petit intervalle de temps. Avec les unités correspondantes de longueur ($\sim 10^{-35}$ mètre) et d'énergie ($\sim 10^{19}$ gigaélectronvolts), il définit l'échelle de Planck, la région dans laquelle l'intensité de la gravité devrait devenir comparable à celle des autres forces.

Remerciements

Je souhaite remercier ici toutes les personnes qui, au fil de nos conversations et de nos débats, m'ont fourni des idées pour ce livre : Sergio Marchionne, le père Cesare Geroldi, le rabbin Shalom Bahbout, Remo Bodei, Monseigneur Gianantonio Borgonovo, Vito Mancuso, Pippo Lo Manto, Piero Boitani, Sonia Bergamasco et Lucia Tongiorgi.

Ma gratitude va aussi à Alessia Dimitri : sans sa détermination, cette nouvelle aventure n'aurait pas commencé.

Enfin, un remerciement tout particulier doit aller à Luciana, non seulement pour la patience dont elle a fait preuve durant la période survoltée qu'a impliquée la rédaction de ce livre, mais aussi pour ses innombrables suggestions, pour nos discussions sans fin sur l'art et la philosophie, et pour sa lecture attentive du manuscrit qui m'a permis d'approfondir et d'améliorer de nombreux passages.

Index

K

L

M

N

O

P

U

V

W

Z

Table des matières

83080 - (I) - BOU 80 - BEP - GCR
Dépôt légal : Mai 2022

Imprimé en Italie par Grafica Veneta S.p.A. Trebaseleghe (PD)